中国地质大学(武汉)实验教学系列教材
中国地质大学(武汉)实验技术研究项目资助
国家自然科学基金资助

数据库课程设计实验教程

胡霍真 朱 莉 主 编
武 云 王茂才
彭 雷 彭 义 戴光明 副主编

图书在版编目(CIP)数据

数据库课程设计实验教程/胡霍真,朱莉主编;武云,王茂才,彭雷,彭义,戴光明副主编.—武汉:中国地质大学出版社,2014.12(2018.6重印)

ISBN 978-7-5625-3579-9

Ⅰ.①数…

Ⅱ.①胡…②朱…③武…④王…⑤彭…⑥彭…⑦戴…

Ⅲ.①数据库系统-课程设计-高等学校-教材

Ⅳ.①TP311.13

中国版本图书馆CIP数据核字(2014)第275499号

数据库课程设计实验教程

胡霍真　朱　莉　**主　编**

武　云　王茂才　彭　雷　彭　义　戴光明　**副主编**

责任编辑:马新兵　　责任校对:代　莹

出版发行:中国地质大学出版社(武汉市洪山区鲁磨路388号)　　邮编:430074

电　话:(027)67883511　　传　真:(027)67883580　　E-mail:cbb @ cug.edu.cn

经　销:全国新华书店　　Http://www.cugp.cug.edu.cn

开本:787毫米×1 092毫米　1/16　　字数:220千字　印张:8.5

版次:2014年12月第1版　　印次:2018年6月第2次印刷

印刷:荆州鸿盛印务有限公司　　印数:1 000—2 000册

ISBN 978-7-5625-3579-9　　定价:25.00元

前　言

《数据库原理》是计算机科学领域中重要的主干课程，一直以来都是各个高校计算机专业的专业必修课。《数据库课程设计实验教程》是实践性教学课程，是《数据库原理》课程的辅助教学课程。《数据库课程设计实验教程》是在学生系统地学习了《数据库原理》课程后，按照关系模型数据库的基本原理，综合运用所学的知识，以个人为单位，设计开发一个小型的数据库应用系统。通过对一个实际问题的分析、设计与实现，将原理与应用相结合，使学生学会如何把课堂上学到的知识应用于解决实际问题，培养学生的实际动手能力和提高学生的创新能力，进而使学生能深入理解和灵活掌握教学内容。

《数据库课程设计实验教程》课时为两周（即 10 个半天时间），对学生最基本的要求就是选用一种数据库管理系统和一种数据库应用程序开发工具来设计开发一个数据库应用系统。

Oracle Database 12c 是 Oracle 公司在 2013 年 6 月 26 日正式发布的。像之前的 10g、11g 里的 g 是代表 grid，也就是主打网格计算。而 12c 里面的 c 是 cloud，也就是主打云计算。本书以 Windows7 操作系统为平台，采用 Oracle Database 12c 作为底层数据库，通过实例分别介绍了 MFC ODBC 数据库应用程序开发技术；C＃数据库编程技术；如何采用 JDBC 技术连接数据库；JAVA－GUI 的数据库编程技术等。

本书的顺利出版，离不开朱莉、戴光明、宋军和李向等老师的指导与帮助，在此深表感谢。还要感谢潘敏、王晶晶、孙龙和孔峰同学对实例进行了认真的上机调试验证工作。由于作者水平和时间有限，书中难免有错误和疏漏之处，敬请各位同行和读者不吝赐教，以便及时修订和补充。

另外，如果读者在使用本书的过程中有什么问题可直接与作者联系，E－mail：Iamasea12@126.com。

目　　录

第 1 章　Oracle 12c 的安装

1.1　安装 Oracle 12c

在 Windows7 64 位操作系统下安装 winx64_oracle_12c_database，首先在网址 http://www.oracle.com/technetwork/database/enterprise－edition/downloads/index.html 上下载两个压缩包：winx64_12c_database_1of2.zip 和 winx64_12c_database_2of2.zip。然后将两个压缩包解压到同一个目录下，再双击“setup.exe”文件，用户就可以进入图形界面安装向导完成以下安装过程。

1. 进入安装程序后，软件会加载并初步校验系统是否可以达到数据库安装的最低配置，如图 1－1 所示。如果达到要求，就会直接加载程序并进行下一步的安装，如图 1－2 所示。

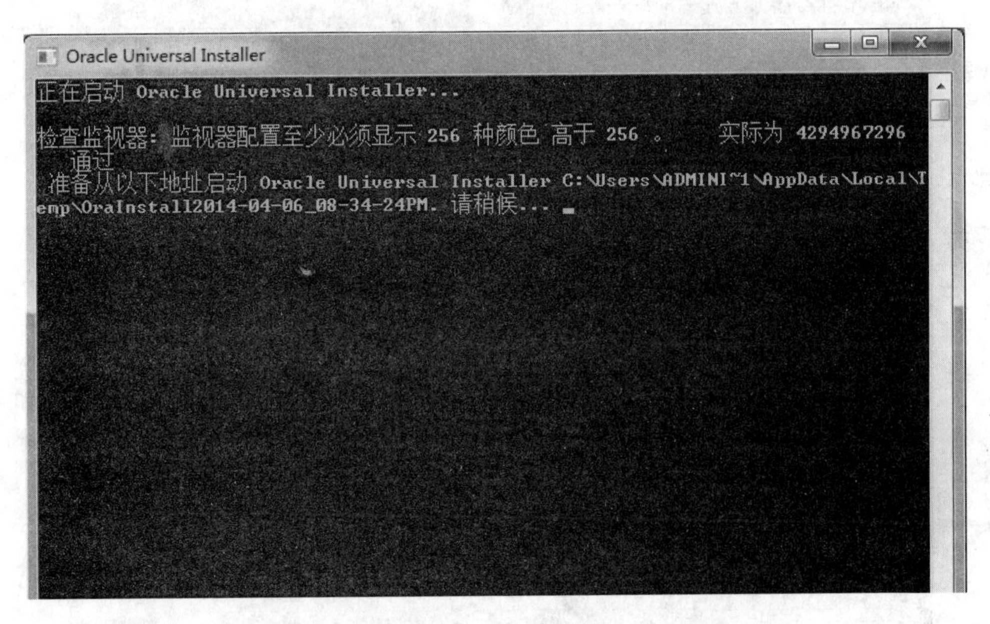

图 1－1　安装前的检查

2. 在出现的“配置安全更新”窗口中，在“电子邮件”后输入自己的邮箱地址，并取消“我希望通过 My Oracle Support 接受安全更新”，单击“下一步”，如图 1－3 所示。

3. 安装时请连接网络，在这里选择跳过软件更新就可以了，如图 1－4 所示。点击“下一步”，程序会进行验证安装程序验证设置，如图 1－5 所示。

图 1－2　加载设置驱动程序

图 1－3　配置安全更新

4. 在“安装选项”窗口中，选择“创建和配置数据库”，单击“下一步”，如图 1－6 所示。

5. 根据介绍选择“桌面类”还是“服务器类”，选择“服务器类”可以进行高级的配置，在这里选择“桌面类”，单击“下一步”，如图 1－7 所示。

Oracle Database 12c 发行版 1 安装程序 - 安装数据库 - 步骤 2/11

下载软件更新

ORACLE DATABASE 12c

配置安全更新
软件更新
安装选项
网格安装选项
安装类型
Oracle 主目录用户选择
安装位置
先决条件检查
概要
安装产品
完成

下载此安装的软件更新。软件更新包括对安装程序系统要求检查的建议更新，补丁程序集更新 (PSU) 以及其他建议补丁程序。

选择下列选项之一:

○ 使用 My Oracle Support 身份证明进行下载(Y)

My Oracle Support 用户名(U):

My Oracle Support 口令(A):

代理设置(P)...　测试连接(T)

○ 使用预先下载的软件更新(D)

位置(L):　浏览(R)...

⊙ 跳过软件更新(S)

帮助(H)　< 上一步(B)　下一步(N) >　安装(I)　取消

图 1-4　软件更新

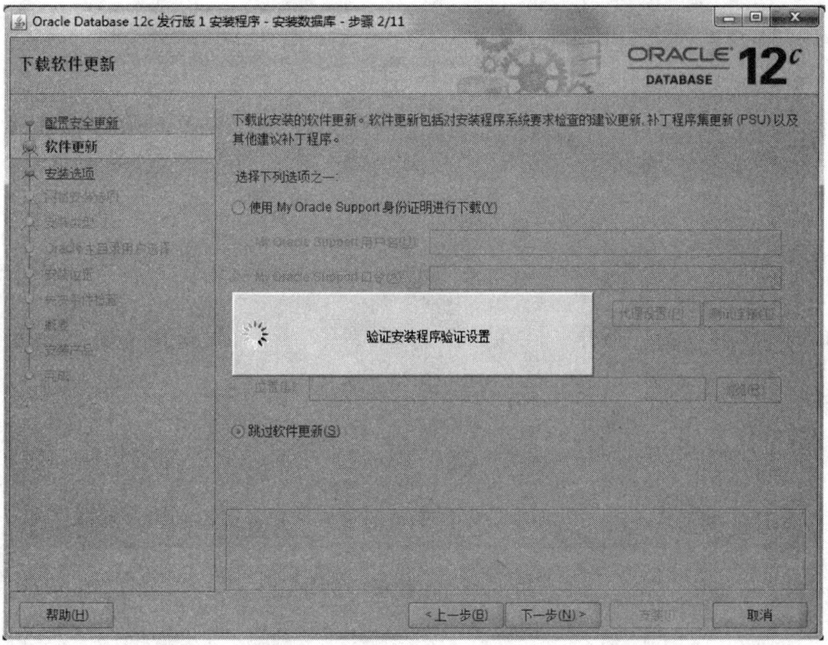

Oracle Database 12c 发行版 1 安装程序 - 安装数据库 - 步骤 2/11

下载软件更新

ORACLE DATABASE 12c

配置安全更新
软件更新
安装选项

下载此安装的软件更新。软件更新包括对安装程序系统要求检查的建议更新，补丁程序集更新 (PSU) 以及其他建议补丁程序。

选择下列选项之一:

○ 使用 My Oracle Support 身份证明进行下载(Y)

验证安装程序验证设置

⊙ 跳过软件更新(S)

帮助(H)　< 上一步(B)　下一步(N) >　安装(I)　取消

图 1-5　验证安装程序验证设置

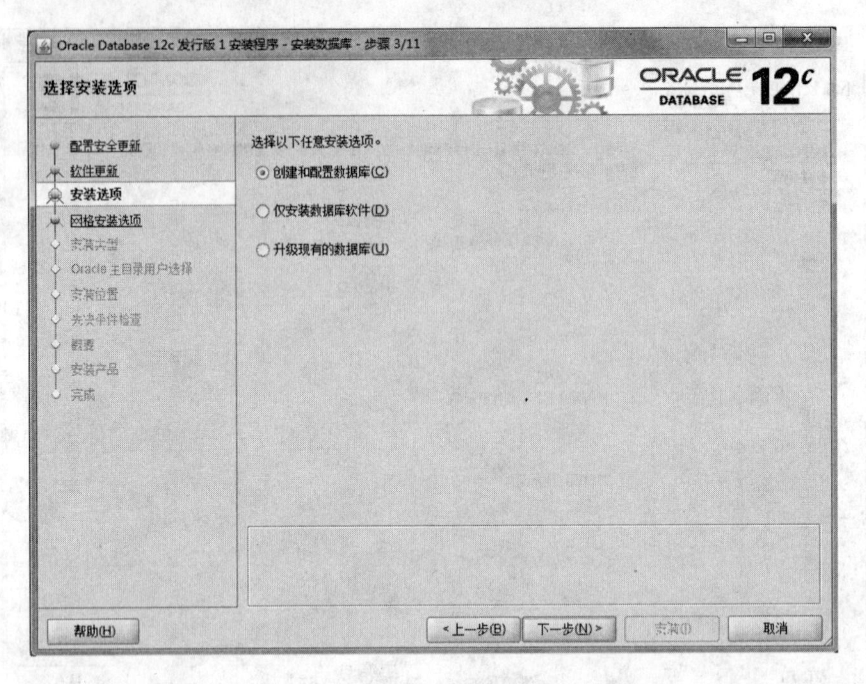

图 1-6　安装选项

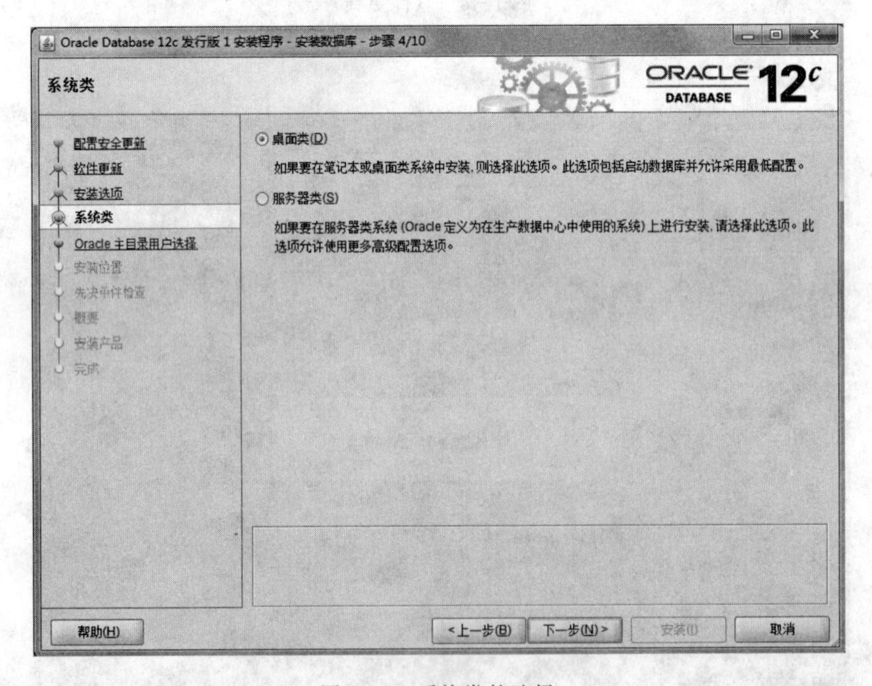

图 1-7　系统类的选择

6. “Oracle 主目录用户选择”这个步骤是其他版本没有的,可以通过这个步骤更安全的管理 orcl,主要是防止登录 win 系统误删了 oracle 文件,这里选择第二个“创建新 windows 用户”,输入用户名和口令,专门管理 oracle 文件的,单击“下一步”,如图 1-8 所示。

图 1 - 8　Oracle 主目录用户选择

7. 在“典型安装”窗口中，选择 Oracle 的基目录，选择“企业版”和“默认值”并输入统一的密码“Oracle”，单击“下一步”，如图 1 - 9 所示。

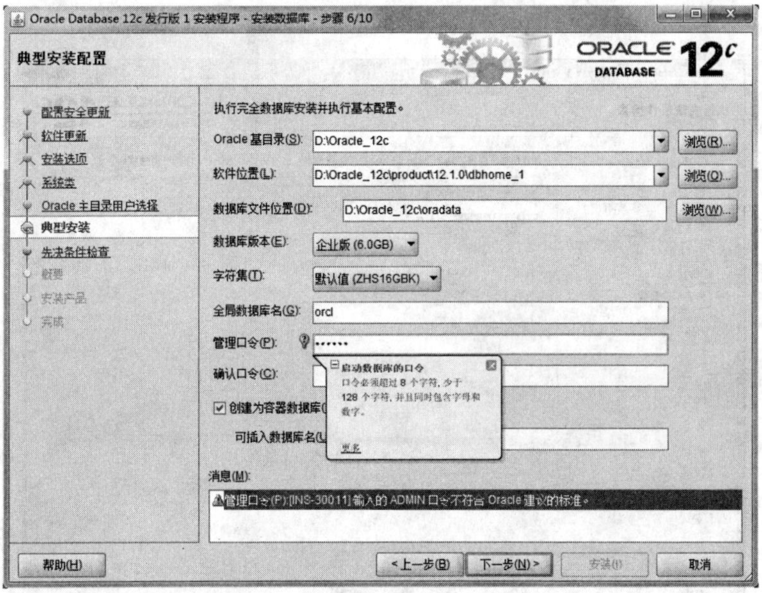

图 1 - 9　典型安装

Oracle 为了安全起见，要求密码强度比较高。刚才输入的密码“Oracle”不符合 Oracle 建议的标准。Oracle 建议的标准密码组合需要含有三项：小写字母、大写字母和数字。当然字符长度必须保持在 Oracle Database 12c 数据库要求的范围之内（本书使用 Oracle 作为安装密码，安装时可自己设置较为复杂的密码以符合 Oracle 的安全要求）。由于密码过于简单，弹出对话框提示“是否确实要继续”，单击“是(Y)”，如图 1-10 所示。

图 1-10　ADMIN 口令是否继续

8. 当上一步骤设置好了后，将进行先决条件检查，单击“下一步”，如图 1-11 所示。

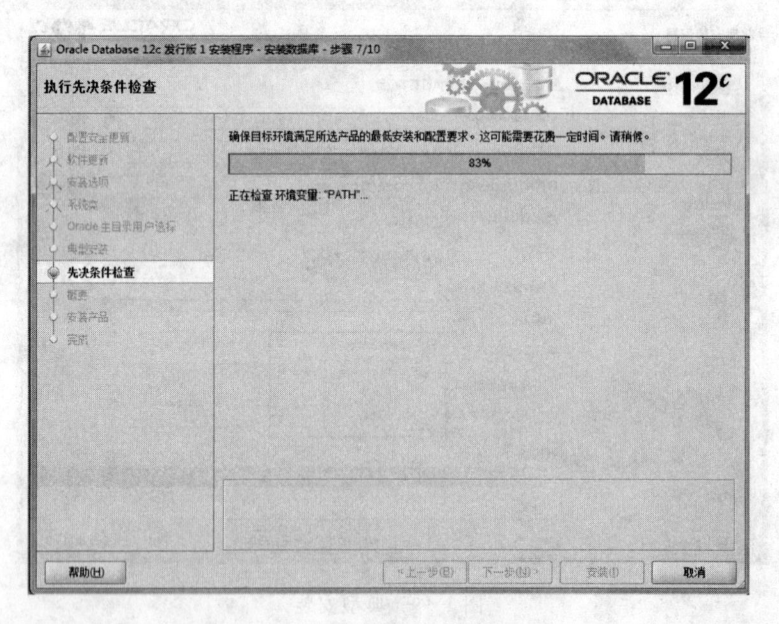

图 1-11　先决条件检查

9. 在上一步检查没有问题后，会生成安装设置概要信息，可以保存这些设置到本地，方便以后查阅，单击“安装”，数据库通过这些配置将进行整个的安装过程，如图 1-12 所示。

图 1 - 12　生成安装设置概要信息

10. 接着进入漫长的产品安装过程，切勿不小心关闭了程序，或者断电、电脑重启，如图 1 - 13 所示。

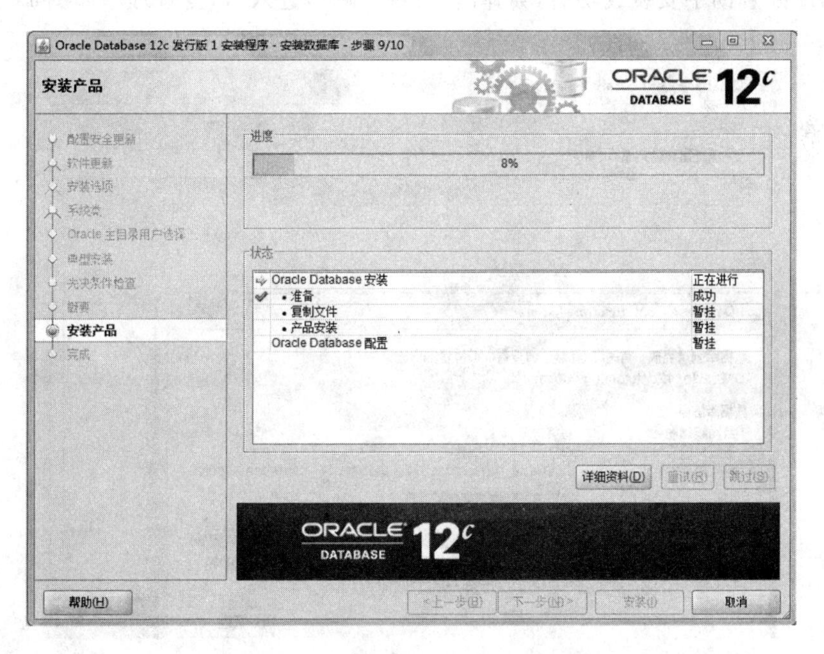

图 1 - 13　安装产品

当安装到“Oracle Database 配置”中的“Oracle Database Configuration Assistant”时，会弹

出“Database Configuration Assistant”窗口，大约等待半小时，如图 1-14 所示。

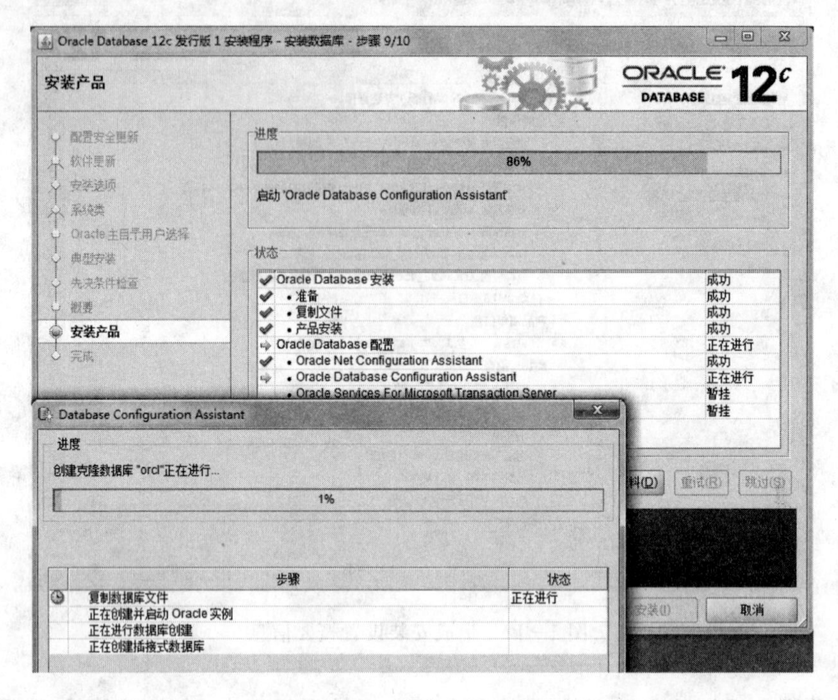

图 1-14　数据库配置助手

当数据库配置助手安装成功后，会弹出“口令管理”，进入“口令管理”，如图 1-15 所示。

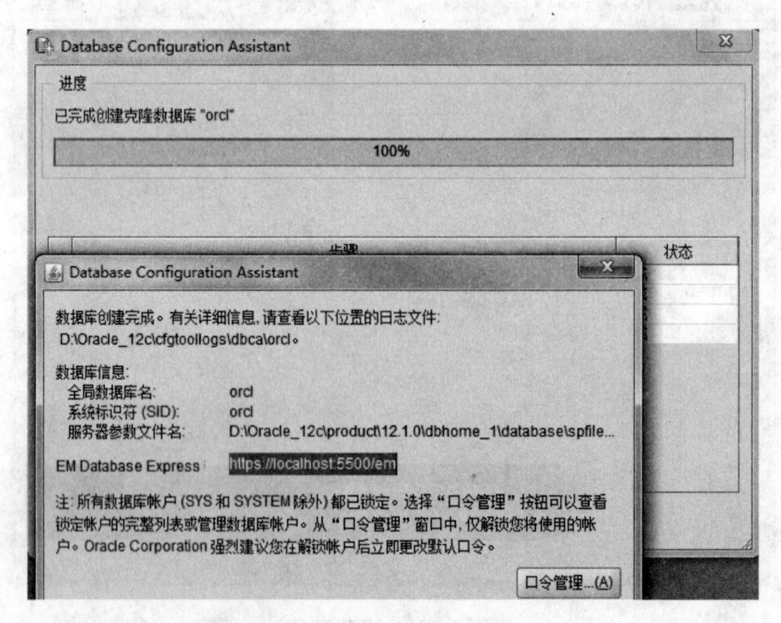

图 1-15　进入口令管理

选择“口令管理”，查看并修改以下用户：

(1) 普通管理员：SYSTEM(密码：Manager123)；

(2) 超级管理员：SYS(密码：Change_on_install123)修改完成后，单击“确定”。这里的口令也是需要符合 Oracle 口令规范的，参考前面数据库实例口令设置方式。

11. 经过以上步骤，安装完成，单击“关闭”即可，如图 1-16 所示。

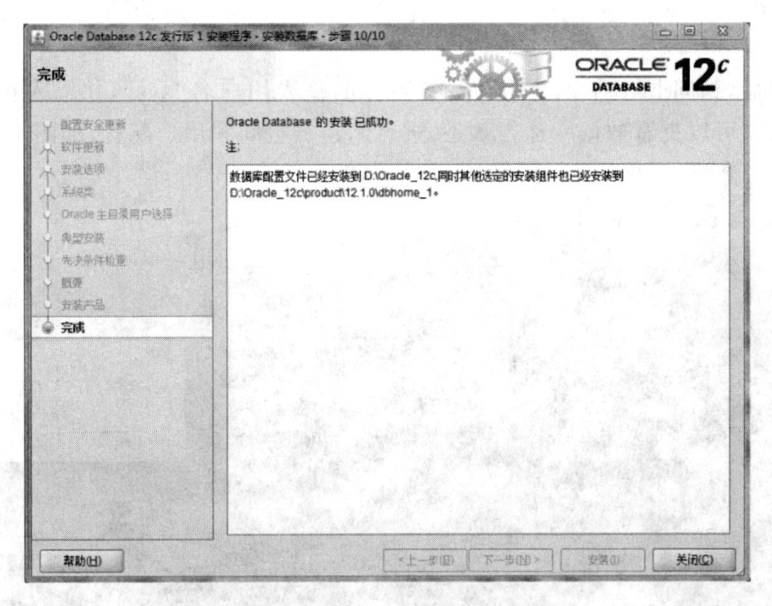

图 1-16　安装完成

1.2　查看服务

Oracle 完成安装后，会在系统中进行服务的注册。点击“控制面板”→“所有控制面板项”→“管理工具”→“计算机管理”，在弹出的“计算机管理”窗口中，单击“服务”，如图 1-17 所示。在注册的这些服务中有以下两个服务必须启动，否则 Oracle 将无法正常使用。

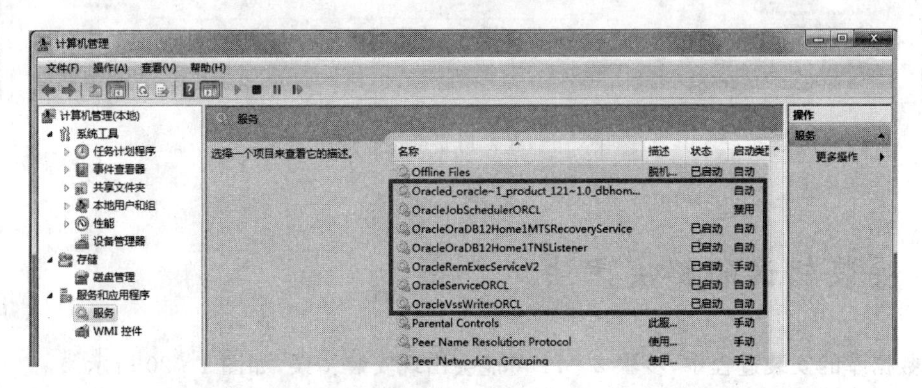

图 1-17　查看服务

(1) OracleOraDB12Home1TNSListener：表示监听服务，如果客户端要想连接到数据库，此服务必须打开。在程序开发中该服务也要起作用。

(2) OracleServiceORCL：表示数据库的主服务。命名规则：OracleService 数据库名称。此服务必须打开，否则 Oracle 根本无法使用。

1.3　体验

安装完成后，访问 https://localhost:5500/em，输入用户名“sys”，并输入相应的口令，如图 1-18 所示。可以查看数据库运行状态，进行新建表空间和用户配置，如图 1-19 所示。

图 1-18　登录 Oracle 企业管理器

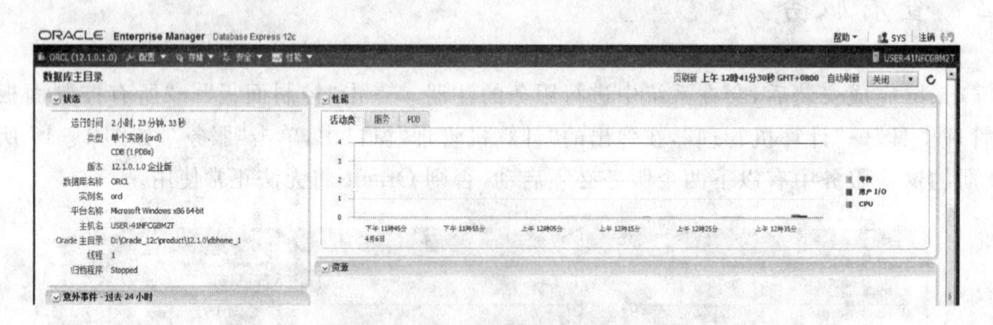

图 1-19　进入 Oracle 企业管理器

1.4　安装错误的解决方法

在数据库的安装过程中，步骤 2—11 可能会出现安装错误，如图 1-20 所示。

解决这种安装错误的方法如下：

图 1－20　安装错误

1. 进入"控制面板"的"所有控制面板项",如图 1－21 所示。

图 1－21　所有控制面板项

选择“管理工具”中的“服务”,“Sever”这一项的状态应为“已启动”,如图 1 - 22 所示。

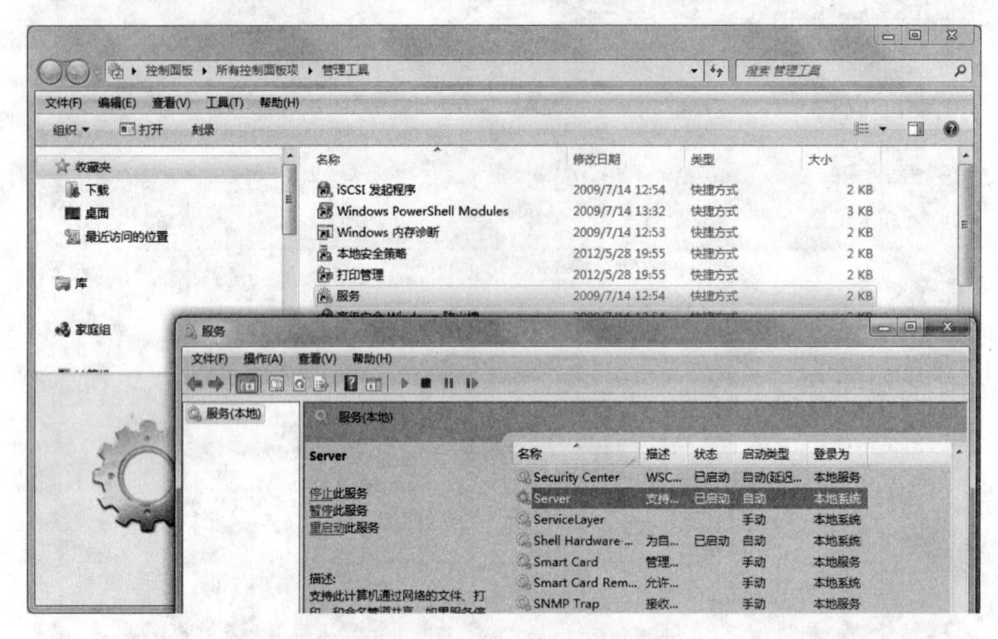

图 1 - 22 服务

2. 点击“控制面板”→“所有控制面板项”→“管理工具”→“计算机管理”→“系统工具”→“共享文件夹”→“共享”,右键单击“共享”,如图 1 - 23 所示。选中“新建共享”,会弹出“创建共享文件夹向导”窗口,如图 1 - 24 所示。

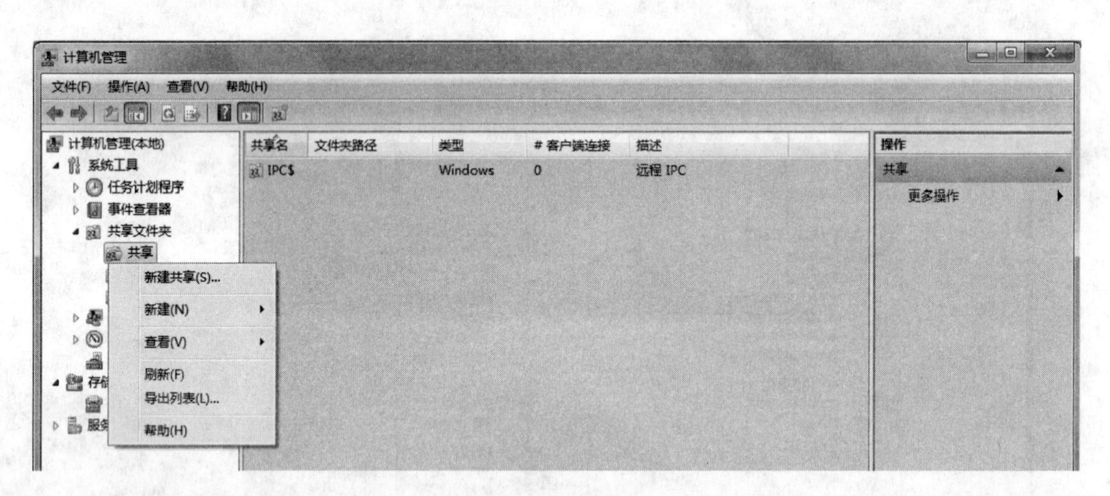

图 1 - 23 共享

单击“下一步”,弹出“指定文件夹路径”窗口,如图 1 - 25 所示。单击“浏览”,弹出“浏览文件夹”窗口,如图 1 - 26 所示。

选择“DSK1_VOL1(C:)”,单击“确定”,回到“文件夹路径”窗口,如图 1 - 27 所示。

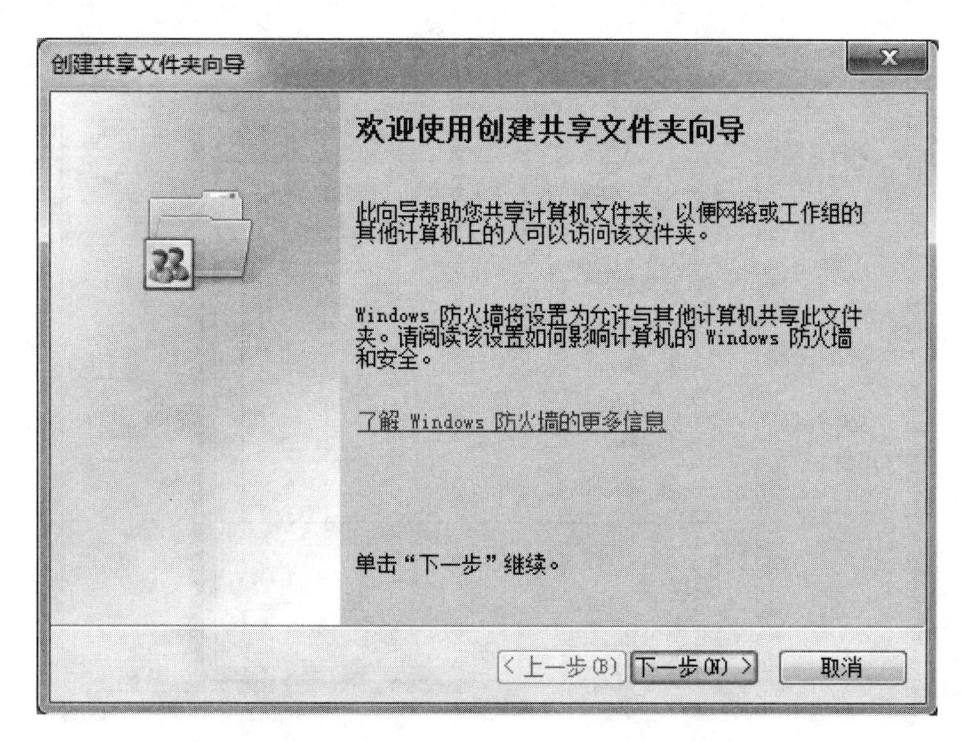

图 1 - 24　创建共享文件夹向导

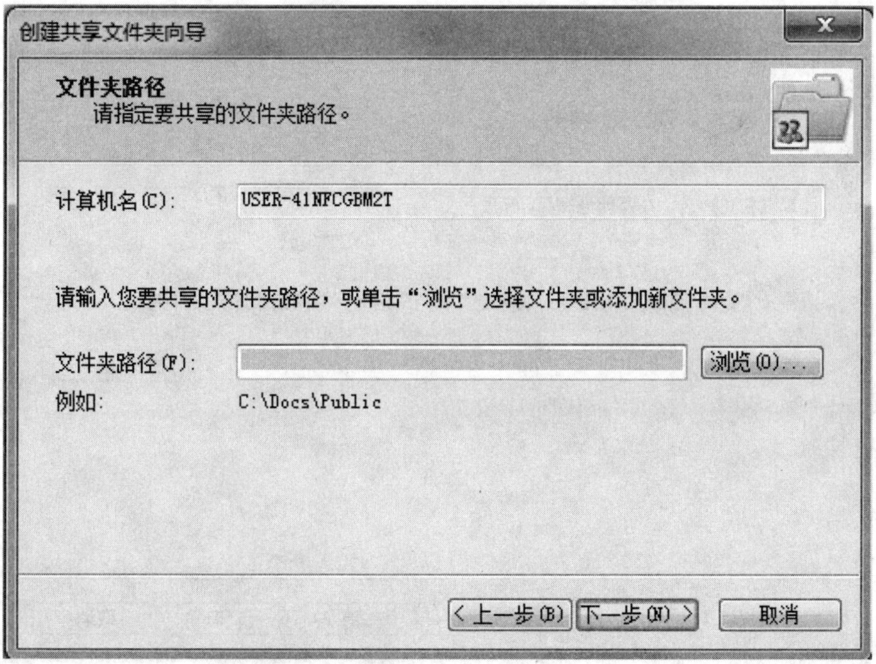

创建共享文件夹向导

文件夹路径
请指定要共享的文件夹路径。

计算机名(C):　USER-41NFCGBM2T

请输入您要共享的文件夹路径，或单击“浏览”选择文件夹或添加新文件夹。

文件夹路径(F):　　浏览(O)...
例如:　C:\Docs\Public

< 上一步(B)　下一步(N) >　取消

图 1 - 25　指定文件夹路径

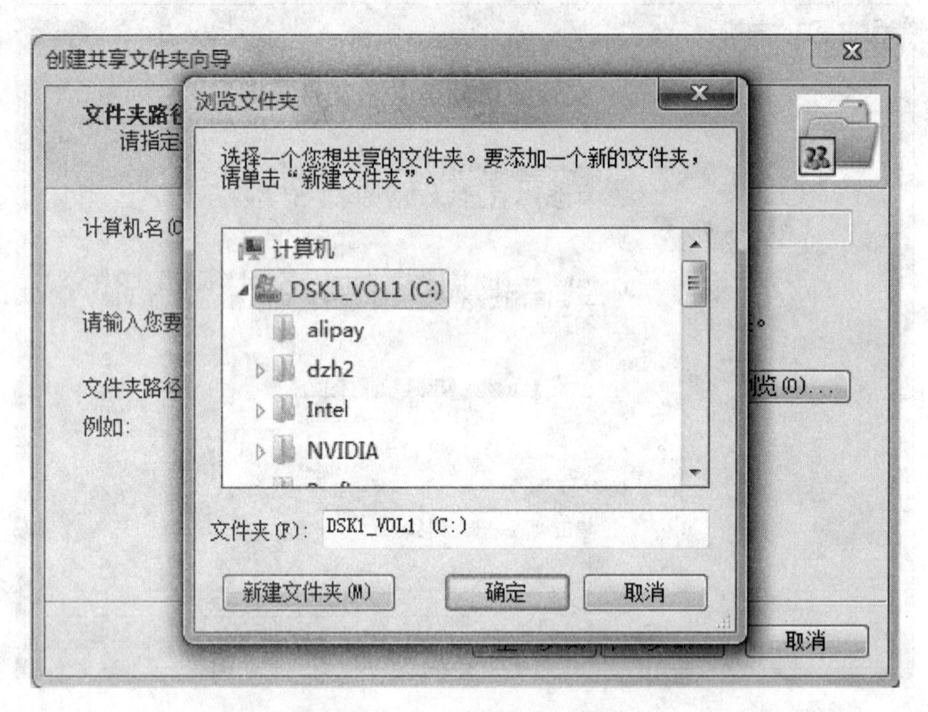

图 1-26　浏览文件夹

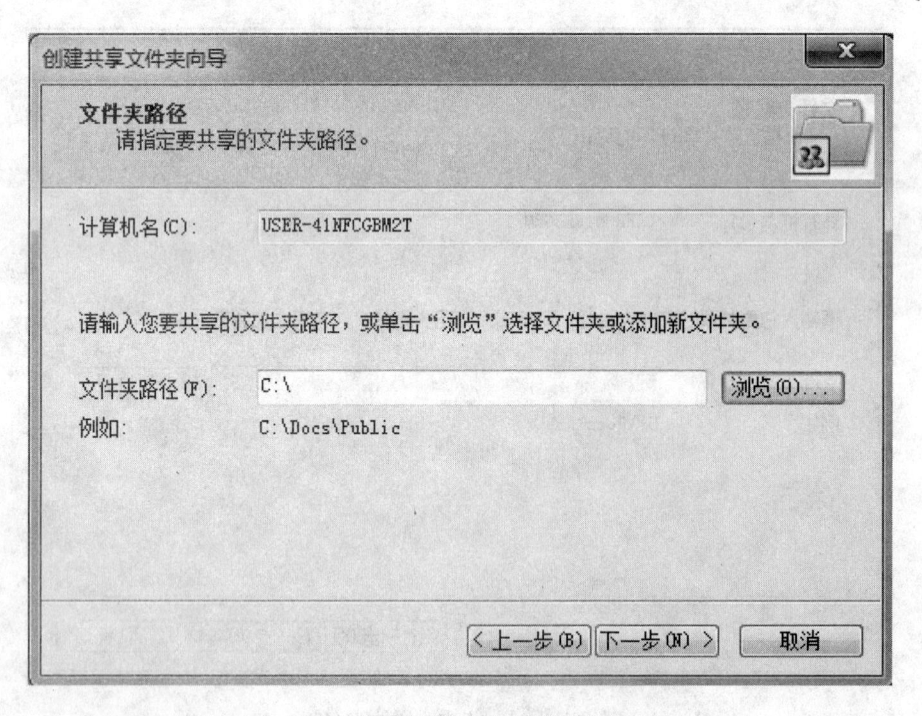

图 1-27　回到“文件夹路径”窗口

点击“下一步”，弹出“创建共享文件夹向导”窗口，如图 1－28 所示。

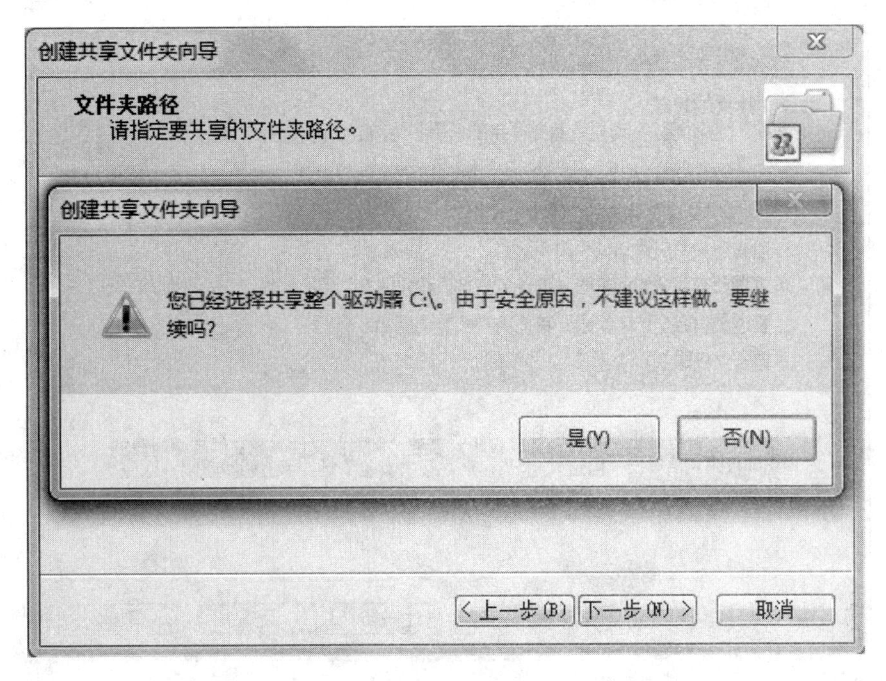

图 1－28　创建共享文件夹向导

在“共享名”这一栏输入“C＄”，如图 1－29 所示。

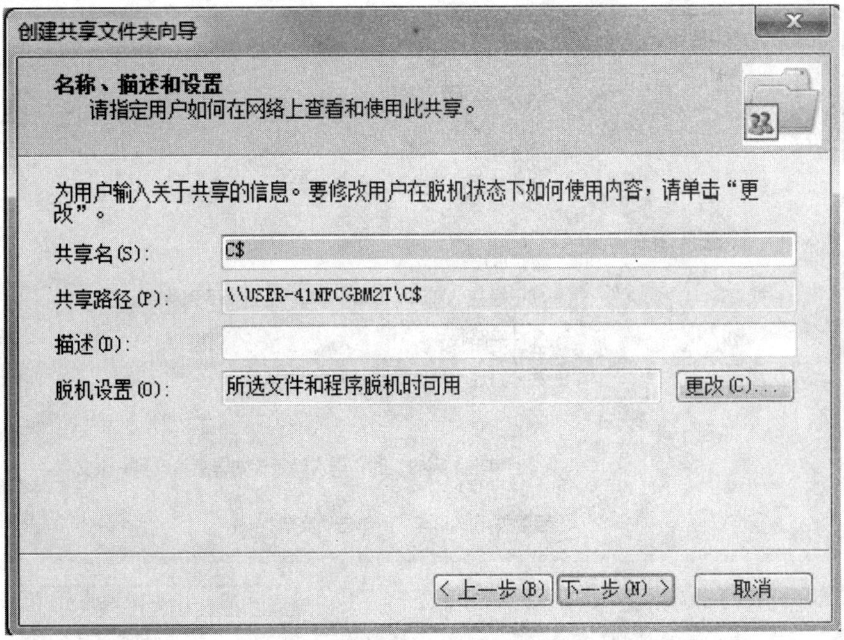

图 1－29　设置共享名

单击“下一步”,弹出“共享文件夹的权限”窗口,如图 1-30 所示。

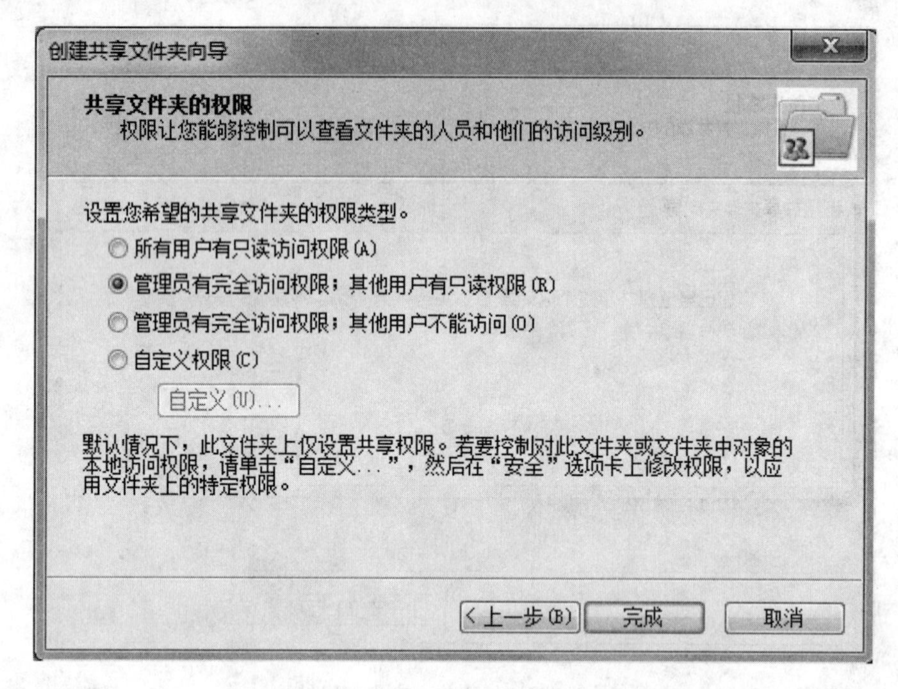

图 1-30 设置共享文件夹的权限

单击“完成”,弹出“共享成功”窗口,如图 1-31 所示。

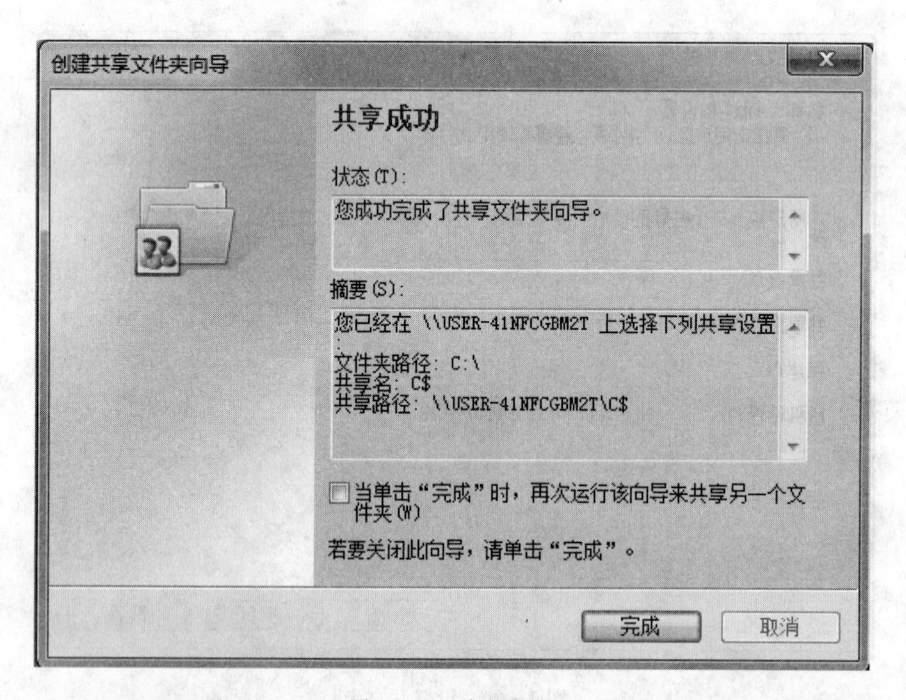

图 1-31 共享成功

共享文件夹创建成功后，这时可以看到“计算机管理”窗口的“共享”中出现了我们刚刚创建的共享文件夹“C＄”，如图 1－32 所示。这时就可以重新安装 Oracle Database 12c。

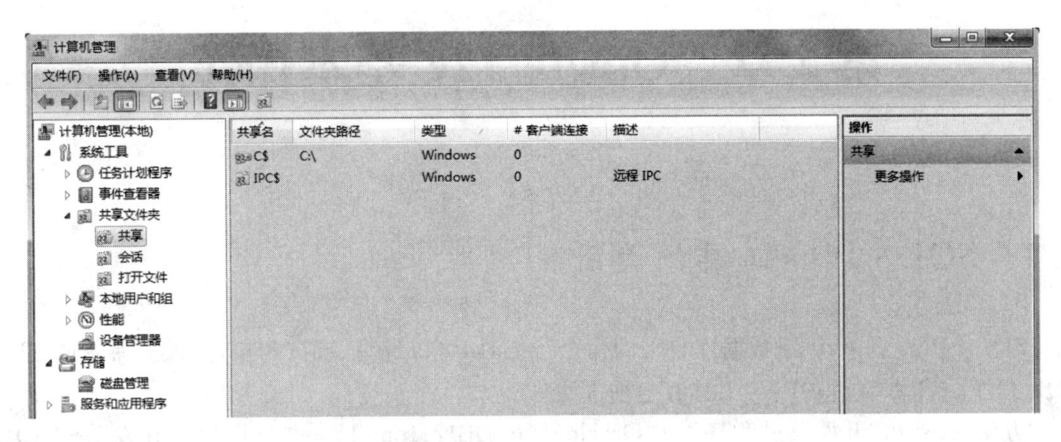

图 1－32　共享文件夹“C＄”

第 2 章　Oracle 12c 基本操作

2.1　SQL * Plus 工具的使用

SQL * Plus 是 Oracle 数据库自带的命令行工具，可以编写、调试和执行 SQL 命令或 PL/SQL 程序。启动 SQL * Plus 工具有两种方法。

方法一：点击“开始”→“程序”→“Oracle - OraDB12Home1” →“应用程序开发”→“SQL Plus”，进入“SQL Plus”窗口，输入用户名“sys”，输入口令“Change_on_install123 as sysdba”。输入口令时，口令是不会被显示出来的，如图 2 - 1 所示。表示 sys 用户以 SYSDBA 特权登录数据库。注意，在 Oracle 12c 中，Windows 图形版本的 SQL * Plus 已被弃用。

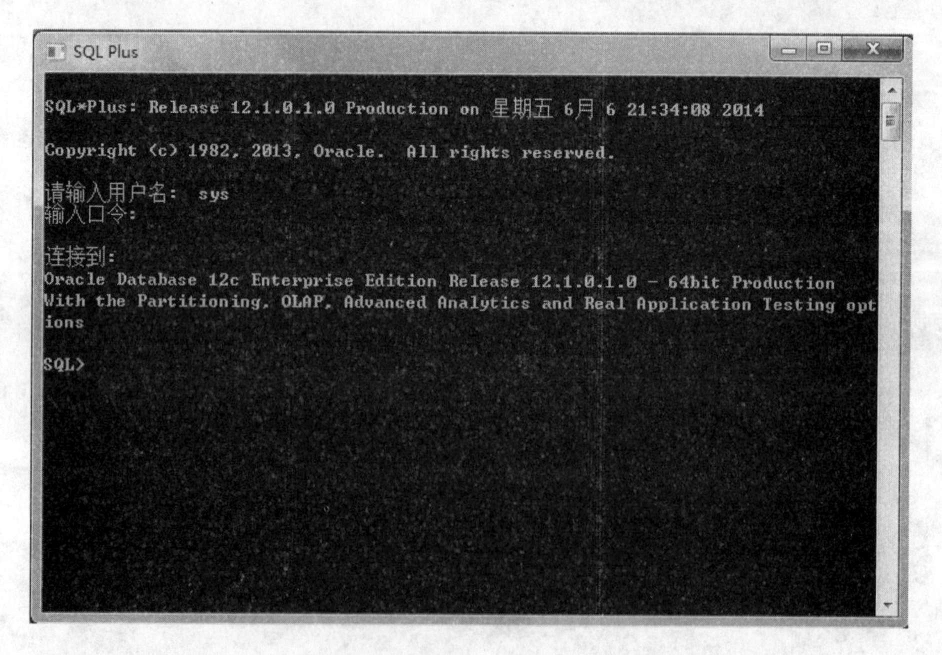

图 2 - 1　用方法一启动 SQL * plus 工具

用户以 SYSDBA 特权登录数据库时，登录到 sys 方案中。SYSDBA 是 Oracle 中级别最高的权限，可以执行启动数据库、关闭数据库、建立数据库备份，以及恢复数据库等其他数据库管理操作。

在图 2 - 1 中，也可以输入口令“Change_on_install123 as sysoper”。用户以 SYSOPER 特权登录数据库时，登录到 public 方案中。SYSOPER 是 Oracle 中另一个特权，可以执行启动数据库、关闭数据库，以及完全恢复数据库，但不能建立数据库，也不能执行不完全恢复；可以进行一些基本操作，但不能查看用户数据，不具备 DBA 角色的任何特权。

方法二：点击“开始”→“运行”，输入“cmd”命令，进入 DOS 环境下执行 SQLPLUS 命令，打开 SQL * Plus 工具。例如，系统用户 sys 以 SYSDBA 特权登录 SQL * Plus 工具，在 DOS 环境下输入命令“sqlplus sys/ Change_on_install123 as sysdba”，如图 2－2 所示。

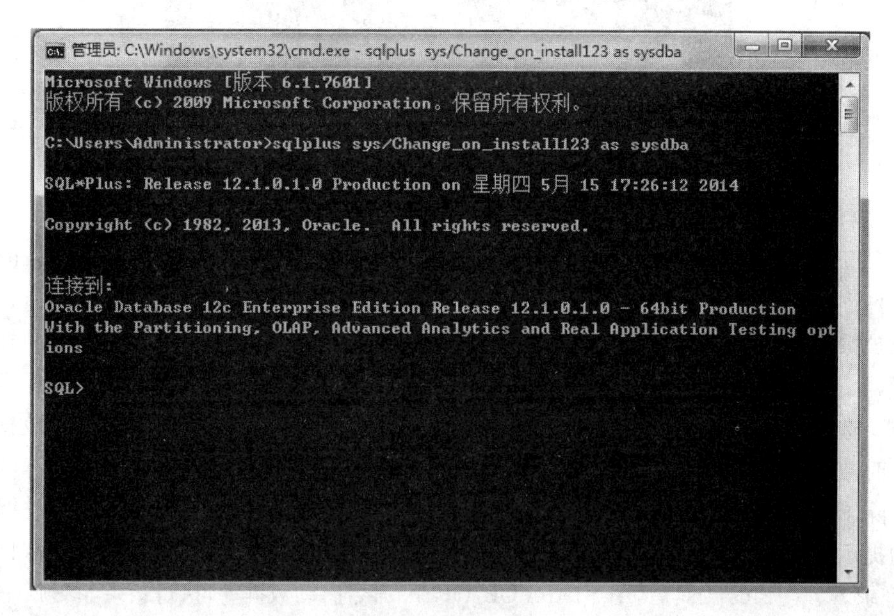

图 2－2　用方法二启动 SQL * plus 工具

2.2　Oracle 数据库的启动与关闭

要启动和关闭 Oracle 数据库，必须要以具有 Oracle 管理员权限的用户登录，通常也就是以具有 SYSDBA 权限的用户登录。用户以 SYSDBA 特权登录 SQL * Plus 后，用户可以使用 STARTUP 和 SHUTDOWN 命令启动和关闭数据库。

2.2.1　启动 Oracle 数据库

启动一个数据库需要三个步骤：

1. 创建一个 Oracle 实例（非安装阶段）；

2. 由实例安装数据库（安装阶段）；

3. 打开数据库（打开阶段）。

STARTUP 命令的格式是：

STARTUP[NOMOUNT|MOUNT|OPEN][pfile=＜初始化参数文件名及路径＞]

其中，NOMOUNT、MOUNT 和 OPEN 三个选项的含义如下：

NOMOUNT 选项只启动一个 Oracle 实例，用户不能访问数据库。读取 init. ora 初始化参数文件、启动后台进程、初始化系统全局区(SGA)。Init. ora 文件定义了实例的配置，包括内存结构的大小和启动后台进程的数量和类型等。当实例打开后，系统将显示一个 SGA 内存结构和大小的列表，如图 2-3 所示。

```
ORACLE 例程已经启动。

Total System Global Area 2555445248 bytes
Fixed Size                  2405904 bytes
Variable Size             671091184 bytes
Database Buffers         1862270976 bytes
Redo Buffers               19677184 bytes
```

图 2-3　STARTUP NOMOUNT 命令执行结果

MOUNT 选项启动一个 Oracle 实例并且安装数据库，但没有打开数据库。Oracle 系统读取控制文件中关于数据文件和重做日志文件的内容，但并不打开该文件。这种打开方式常在数据库维护操作中使用，如对数据文件的更名、改变重做日志以及打开归档方式等。在这种打开方式下，除了可以看到 SGA 系统列表以外，系统还会给出“数据库装载完毕。”的提示。

OPEN 选项是数据库启动命令的缺省选项，完成启动实例、安装数据库和打开数据库三个步骤。此时数据库使数据文件和重做日志文件在线，通常还会请求一个或者是多个回滚段。这时系统除了可以看到前面 Startup Mount 方式下的所有提示外，还会给出一个“数据库已经打开。”的提示。此时，数据库系统处于正常工作状态，可以接受用户请求。系统用户 sys 以 SYSDBA 特权登录 SQL * Plus 工具后，用 STARTUP OPEN 命令启动数据库，执行结果如图 2-4 所示。

```
SQL> startup open
ORACLE 例程已经启动。

Total System Global Area 2555445248 bytes
Fixed Size                  2405904 bytes
Variable Size             671091184 bytes
Database Buffers         1862270976 bytes
Redo Buffers               19677184 bytes
数据库装载完毕。
数据库已经打开。
SQL>
```

图 2-4　STARTUP OPEN 命令执行结果

除了前面介绍的三种数据库打开方式选项外，还有一些其他的选项。

1.STARTUP RESTRICT

该命令将成功打开数据库，但仅仅允许一些特权用户(具有 DBA 角色的用户)才可以使用数据库。该命令常用来对数据库进行维护，如数据的导入/导出操作时不希望有其他用户连接到数据库操作数据。

2.STARTUP FORCE

该命令是强行关闭数据库(SHUTDOWN ABORT)和启动数据库(STARTUP)两条命令的综合。该命令仅在关闭数据库遇到问题不能关闭数据库时采用。

3.ALTER DATABASE OPEN READ ONLY

该命令在启动实例以及安装数据库后，以只读方式打开数据库。对于那些仅仅提供查询功能的产品数据库可以用该命令打开。

2.2.2　关闭 Oracle 数据库

SHUTDOWN 命令的格式是：

SHUTDOWN[NORMAL|IMMEDIATE|TRANSACTIONAL|ABORT]

其中，NORMAL、IMMEDIATE、TRANSACTIONAL 和 ABORT 四个选项的含义如下。

NORMAL 选项是数据库关闭命令的缺省选项，发出该命令后，任何新的连接都将不再允许连接到数据库。在数据库关闭之前，Oracle 将等待当前连接的所有用户都从数据库中退出后才开始关闭数据库。该命令关闭数据库，在下一次启动时不需要进行任何的实例恢复，但关闭一个数据库需要几天时间甚至更长。

IMMEDIATE 选项是我们常用的一种关闭数据库的方式。发出该命令后，正在被 Oracle 处理的 SQL 语句立即中断，系统中任何没有提交的事务全部回滚。如果系统中存在一个很长的未提交的事务，采用这种方式关闭数据库也需要一段时间(该事务回滚时间)。系统不等待连接到数据库的所有用户退出系统，强行回滚当前所有的活动事务，然后断开所有的连接用户，关闭数据库。

TRANSACTIONAL 选项常用来计划关闭数据库，它使当前连接到系统且正在活动的事务执行完毕，运行该命令后，任何新的连接和事务都是不允许的。在所有活动的事务完成后，数据库将以和 SHUTDOWN IMMEDIATE 同样的方式关闭数据库。

ABORT 选项是在没有任何办法关闭数据库的情况下才不得不采用的方式，一般不要采用。如果下列情况出现时可以考虑用该命令关闭数据库：

1. 数据库处于一种非正常工作状态，不能用 SHUTDOWN NORMAL 或者 SHUT DOWN IMMEDIATE 命令关闭数据库；

2. 需要立即关闭数据库；

3. 在启动数据库实例时遇到问题。

发出该命令后，所有正在被 Oracle 处理的 SQL 语句立即中断，系统中所有没有提交的事务将不回滚，Oracle 也不等待当前连接到数据库的用户退出系统，就开始关闭数据库。用该命令关闭数据库，下一次启动数据库时需要实例恢复，所以启动时间比平时更长。

系统用户 sys 以 SYSDBA 特权登录 SQL * Plus 工具后，用 SHUTDOWN IMMEDIATE 命令关闭数据库，执行结果如图 2-5 所示。

图 2-5　SHUTDOWN IMMEDIATE 命令执行结果

2.3 创建用户

Oracle 用户就是访问 Oracle 数据库的“人”。方案(Schema)是一系列逻辑数据结构或对象的结合,包含了表、视图、索引、存储过程等数据库对象。一个用户一般对应一个方案,该用户的方案名等于用户名,并作为该用户缺省方案。Oracle 数据库中不能新创建一个方案,要想创建一个方案,只能通过创建一个用户的方法解决。在创建一个用户的同时,系统自动为这个用户创建一个与用户名同名的方案,并作为该用户的缺省方案。如果我们访问一个表时,没有指明该表属于哪一个方案,系统会自动给我们在表上加上缺省的方案名。比如我们在访问数据库时,访问 scott 用户下的 contact_info_tab 表,通过 select * from contact_info_tab,其实,这 sql 语句的完整写法为 select * from scott. contact_info_tab。

2.3.1 使用 ORACLE 12C EM Express 工具创建新用户

下面介绍如何使用 ORACLE 12C EM Express 工具创建新用户。用户名输入“system”,输入口令“Manager123”,按照第一章中 1.3 节介绍的方法,登录 Enterprise Manager Database Express 12c 后,点击“安全”→“用户”,如图 2-6 所示。

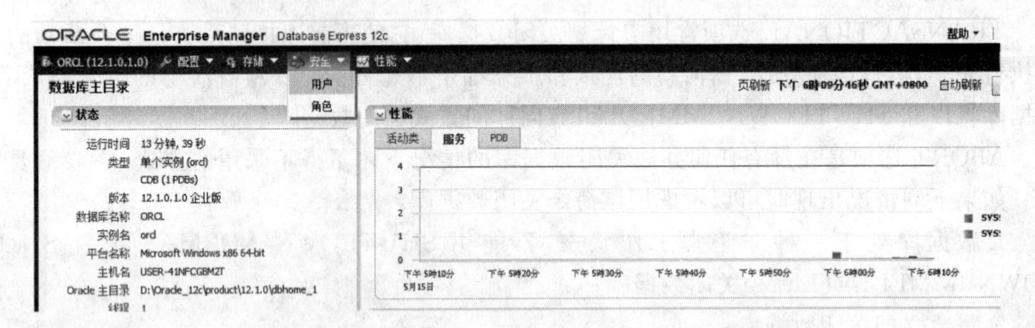

图 2-6　ORACLE 12C EM Express

单击“创建用户”,弹出“创建用户”窗口。名称文本框中输入“C##HANNAH”,口令为“abcdef”,如图 2-7 所示。

创建好新用户后,在用户列表中会显示出刚才创建的用户 C##HANNAH,如图 2-8 所示。

选中用户“C##HANNAH”这一行,点击“操作”→“变更权限和角色”,如图 2-9 所示。在弹出“变更权限和角色”窗口中,选中“CREATE SESSION”,如图 2-10 所示。点击“>”按钮,移到右边列表中,如图 2-11 所示。点击“确定”按钮,弹出确认窗口,如图 2-12 所示。

2.3.2 新用户连接数据库

用户连接到数据库,才能向数据库发送指令。新用户必须先获得和数据库建立会话的系统权限(CREATE SESSION 权限)或是和数据库建立连接的角色(CONNECT),新用户才能成功连接到数据库。

图 2-7　创建用户

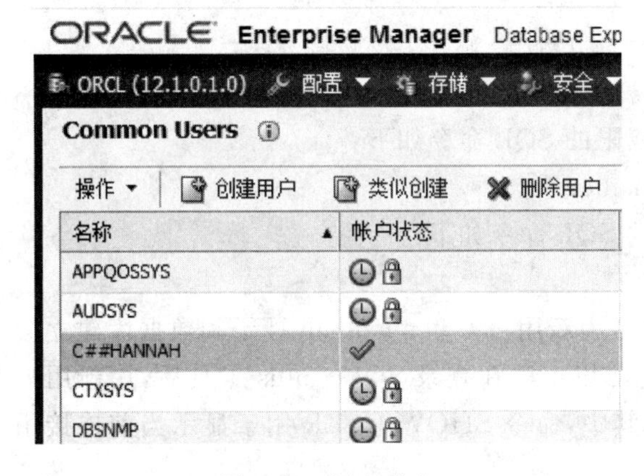

图 2-8　用户列表

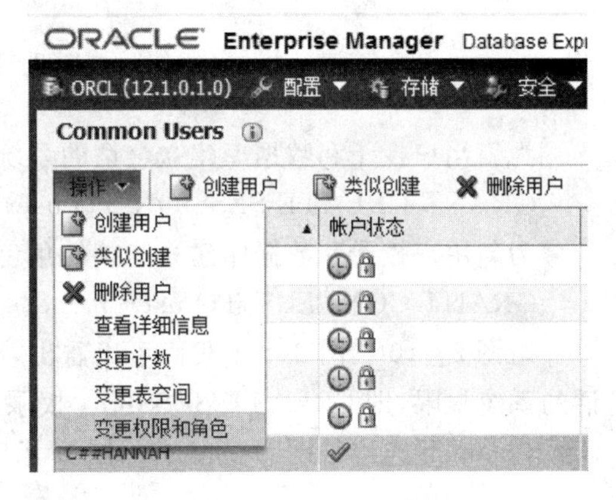

图 2-9　创建用户中间步骤

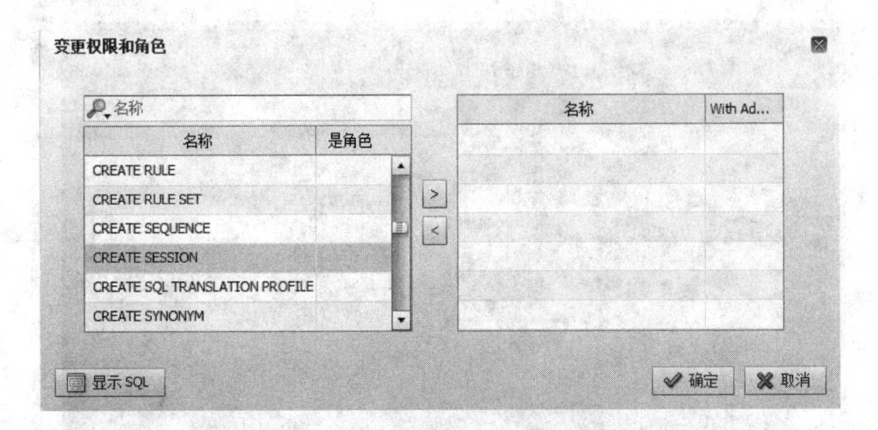

图 2-10　变更权限和角色窗口

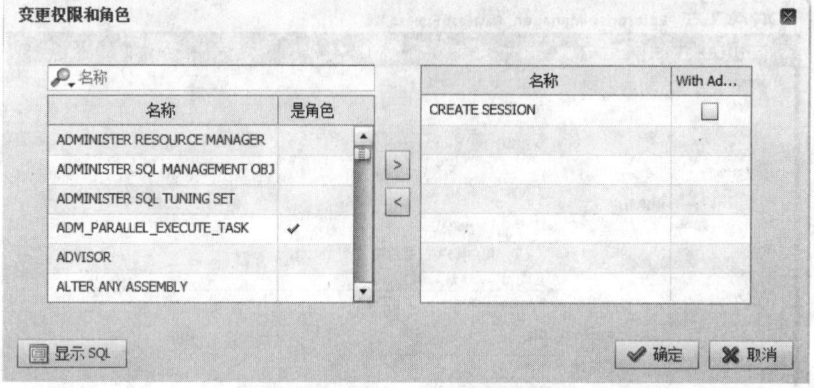

图 2-11　变更权限和角色

图 2-12　确认窗口

为新用户授予和数据库建立会话的系统权限的 SQL 命令如下：

GRANT CREATE SESSION TO user_name;

为新用户授予和数据库建立连接的角色的 SQL 命令如下：

GRANT CONNECT TO user_name;

由图 2-10 和图 2-11 我们可以看出，已经为新用户 C##hannah 授予和数据库建立会话的系统权限，即 CREATE SESSION 权限。所以可以在登录 SQL * plus 工具后，用新用户 C##hannah 连接数据库，如图 2-13 所示。其中，命令 SHOW USER 用于显示当前连接用

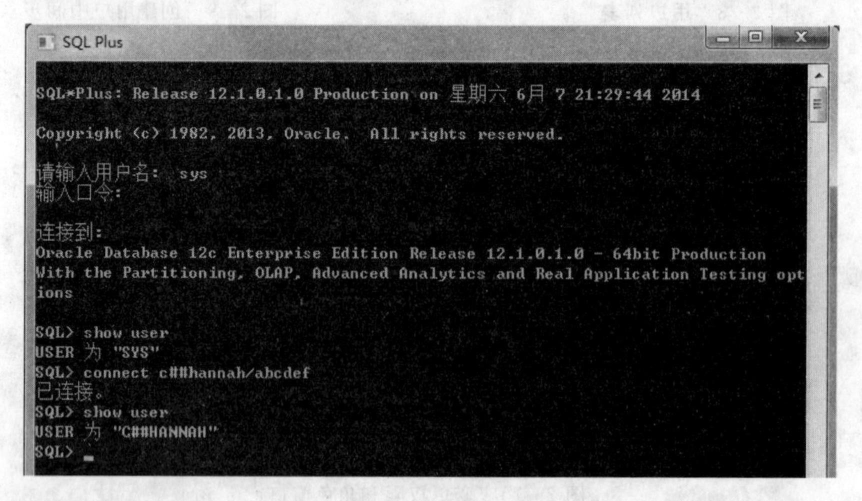

图 2-13　新用户连接数据库

户。我们可以看出 sys 用户以 SYSDBA 特权登录数据库，当前连接用户为 sys；执行命令“CONNECT C# # hannah/abcdef”后，当前连接用户为 C# # hannah，连接到数据库的用户切换了。

2.4　创建表

用只获得和数据库建立会话的系统权限的新用户 C# # hannah 连接数据库，再创建表 contact_info_tab，会提示“权限不足”错误，如图 2-14 所示。

```
管理员: C:\Windows\system32\cmd.exe - sqlplus sys/Change_on_install123 as sysdba
SQL> CONNECT C##hannah/abcdef
已连接。
SQL> create table contact_info_tab(
  2  contact_id number primary key,
  3  contact_name varchar2(16) not null,
  4  e_mail varchar2(24) not null);
create table contact_info_tab(
*
第 1 行出现错误:
ORA-01031: 权限不足
```

图 2-14　创建表格权限不足

sys 用户登录数据库，对用户 C# # hannah 授权 RESOURCE。授权成功后，可以创建表 contact_info_tab。切换成 C# # hannah 用户，也可以创建表 contact_info_tab，如图 2-15 所示。数据库中的对象名只需要在同一个方案中唯一，不同方案中可以具有相同的数据库对象名。

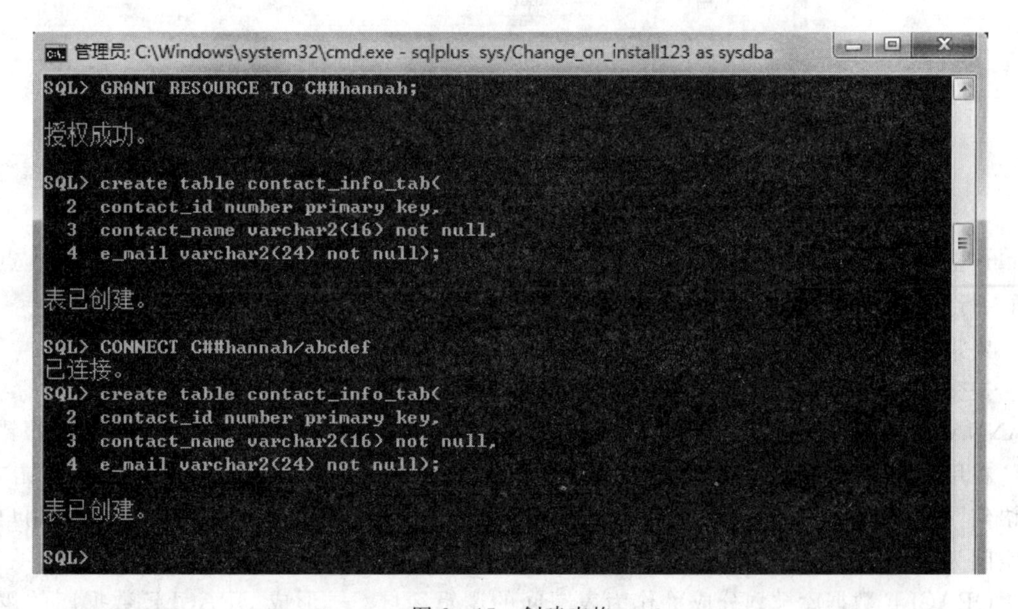

图 2-15　创建表格

2.5　给表插入记录

Oracle SQL Developer 是 Oracle 官方的 Java 版的图形化开发工具。点击“开始”→“程序”→“Oracle - OraDB12Home1”→“应用程序开发”→“SQL Developer”，第一次运行 Oracle SQL Developer，会弹出输入 java. exe 完整路径的窗口，如图 2 - 16 所示。输入点击“Browse…”按钮，在弹出的窗口中选中自己 Oracle 12c 安装路径下的 java. exe 文件，例如本机的 java. exe 文件在目录“D:\Oracle_12c\product\12. 1. 0\dbhome_1\jdk\bin”下。

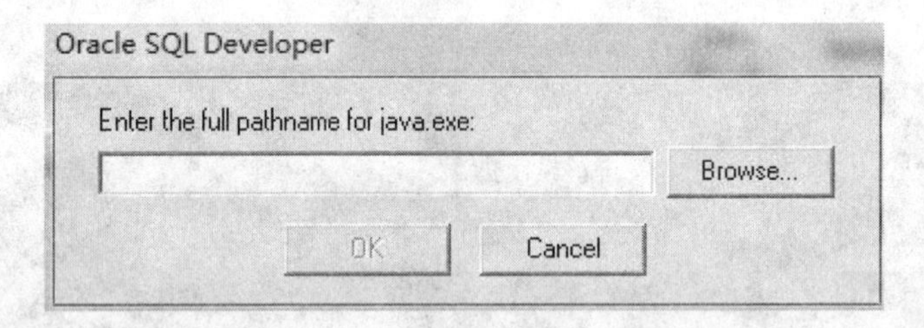

图 2 - 16　输入 java. exe 文件所在目录

点击“OK”按钮后，弹出 Oracle SQL Developer 工具窗口，右击“连接”→“创建本地连接”，然后在“连接”导航器中选择“C＃＃hannah”，在弹出的连接信息窗口中，输入口令“abcdef”，如图 2 - 17 所示。

图 2 - 17　连接信息窗口

点击“C＃＃HANNAH” →“表”→“CONTACT_INFO_TAB”，单击“数据”选项卡，点击“插入行”按钮，如图 2 - 18 所示。

要将该记录保存到数据库，单击 “提交更改”按钮，如图 2 - 19 所示。

提交更改后，提示消息如图 2 - 20 所示，对表空间 SYSTEM 无权限。在创建用户 C＃＃HANNAH 时，默认表空间为 SYSTEM，该用户没有 SYSTEM 表空间的配额，所以这里会报错。

在用户 C＃＃HANNAH 工作表中输入语句“select * from user_all_tables;”，点击“运行语句”按钮，如图 2 - 21 所示。该语句用于查询用户表空间，从图 2 - 21 可以看出，该用户的表空间为 SYSTEM。

ORACLE 数据库被划分成称作为表空间的逻辑区域——形成 ORACLE 数据库的逻辑结构。一个 ORACLE 数据库能够有一个或多个表空间，而一个表空间则对应着一个或多个

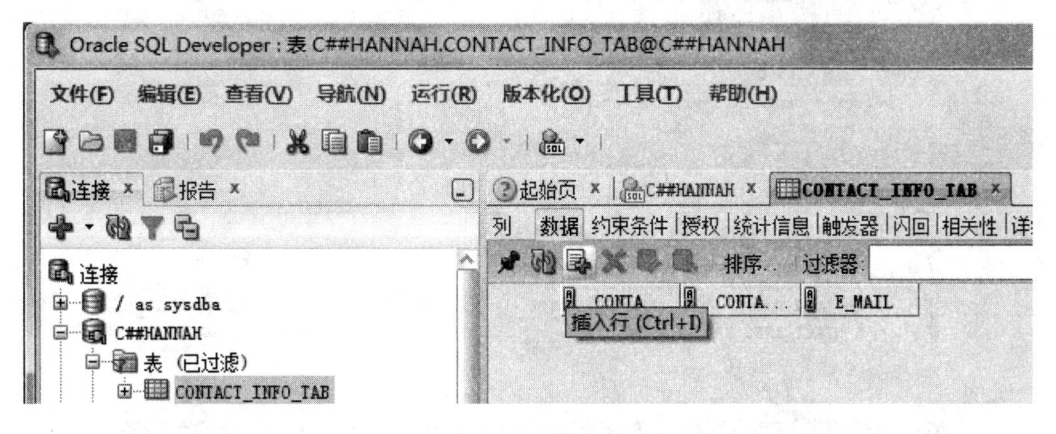

图 2－18　插入行

图 2－19　提交更改

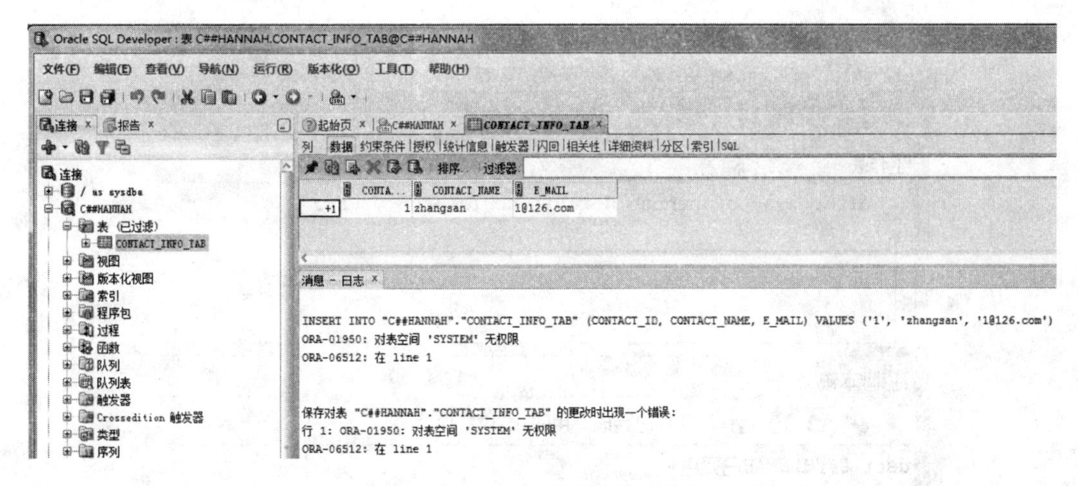

图 2－20　用户 C＃＃HANNAH 对 SYSTEM 表空间

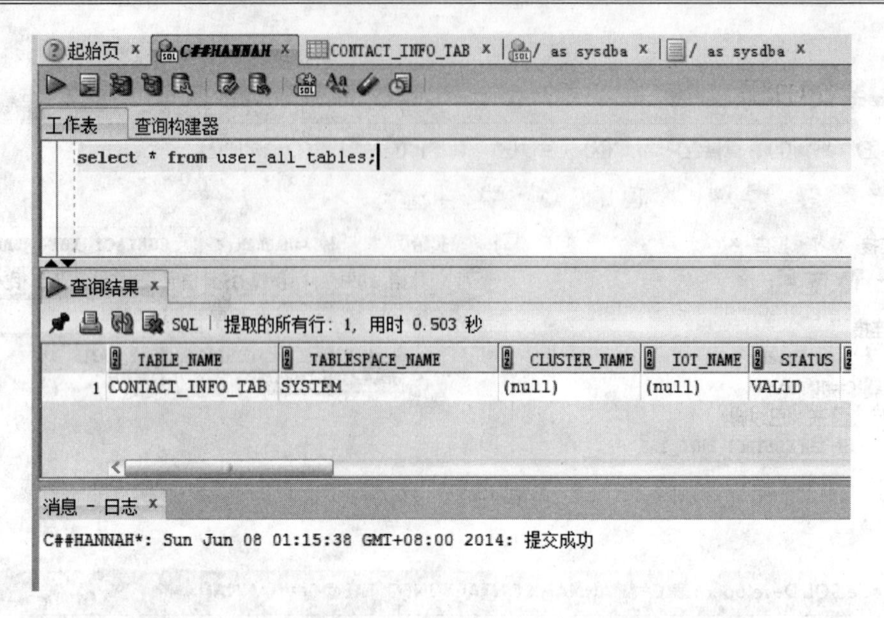

图 2-21　查询用户表空间

物理的数据库文件。系统表空间(SYSTEM TABLESPACE)是 Oracle 创建数据库时自动创建的,每个 Oracle 数据库都会有 SYSTEM 表空间,而且 SYSTEM 表空间总是要保持在联机模式下,因为其包含了数据库运行所要求的基本信息,如:数据字典、联机求助机制、所有回退段、临时段和自举段、所有的用户数据库实体以及其他 ORACLE 软件产品要求的表等。创建的用户一般不使用 system 做默认表空间,避免在 system 中随意建表。

下面介绍如何改变用户默认表空间。在“连接”导航器中选择“/as sysdba”,在弹出的连接信息窗口中,输入口令“Change_on_install123”,点击“确定”按钮。在用户 sys 工作表里输入语句“alter user c##hannah default tablespace users;”,点击“运行语句”按钮,脚本输出“user C##HANNAH 已变更。”,如图 2-22 所示。

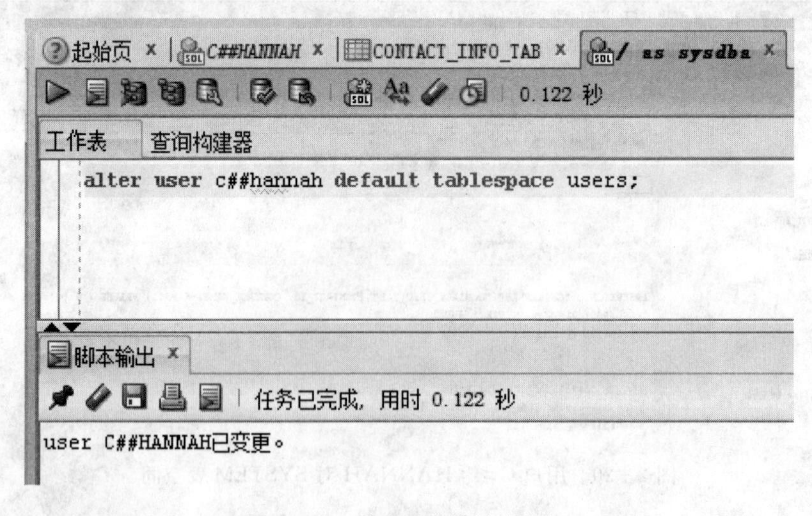

图 2-22　改变用户默认表空间

这样用户 C##HANNAH 新创建的表会保存到 users 表空间中，但是旧表 C##HANNAH. CONTACT_INFO_TAB 仍然在 SYSTEM 表空间中。此时在用户 sys 工作表里输入语句“drop table C##HANNAH. CONTACT_INFO_TAB;”，直接删除旧表 C##HANNAH. CONTACT_INFO_TAB，再在用户 sys 工作表里输入创建表 C##HANNAH. CONTACT_INFO_TAB 的相应 SQL 语句，此时在“连接”导航器中选择“刷新”按钮，就可以查看到表 CONTACT_INFO_TAB 在 users 表空间中，如图 2-23 所示。另外，也可以通过直接执行迁移表语句来达到相同的最终效果，其具体语句形式按不同情况而定，例如迁移表无主外键、或迁移表带索引、或迁移表带主键等，在这里不详述，请同学们自己查资料。

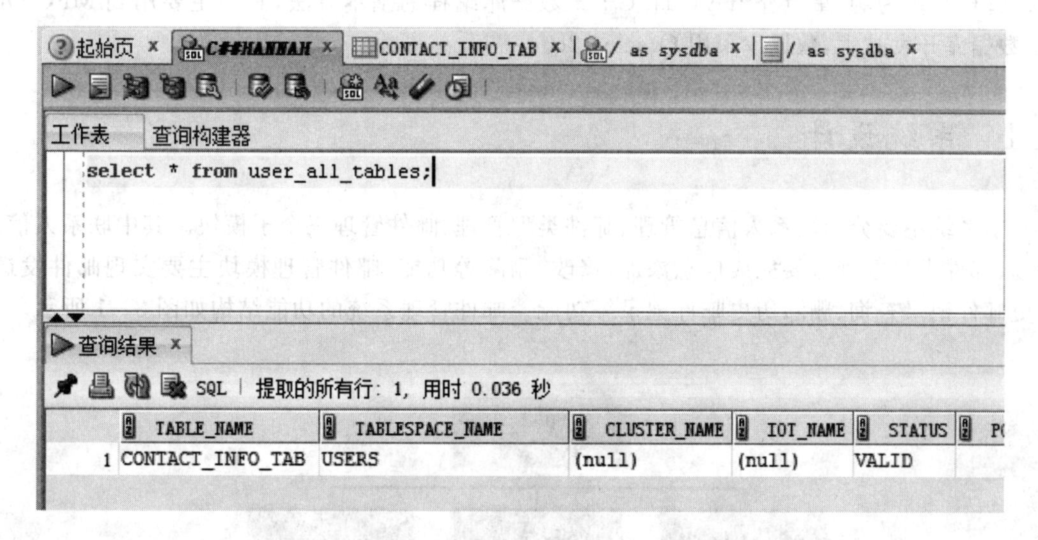

图 2-23 再次查询用户表空间

最后，在 SYS 用户工作表里运行语句“alter user C##HANNAH quota unlimited on users;”，点击“运行语句”按钮，脚本输出“user C##HANNAH 已变更。”，该语句的作用是不对用户“C##HANNAH”做 users 表空间限额控制。此时再对 C##HANNAH. CONTACT_INFO_TAB 表格插入行，即可成功执行，提示消息“INSERT INTO "C##HANNAH". "CONTACT_INFO_TAB" (CONTACT_ID, CONTACT_NAME, E_MAIL) VALUES ('1', 'zhangsan', '1@126. com')提交成功”。

第3章　邮件管理系统

如今,邮件已经成为人们日常生活中通讯和交流的重要工具。本章将以一个简单的小型邮件管理系统为例,重点介绍 Visual C++数据库编程的基本方法,其中主要用到 MFC ODBC 数据库开发技术,数据库采用 Oracle 12c。

3.1　系统设计

本系统主要分为联系人信息管理、邮件类型管理、邮件管理三个子模块。其中联系人信息管理、邮件类型管理主要完成信息添加、修改、删除等功能;邮件管理模块主要实现邮件发送、历史邮件记录查询、删除历史邮件记录等功能。邮件管理系统的功能结构如图 3-1 所示。

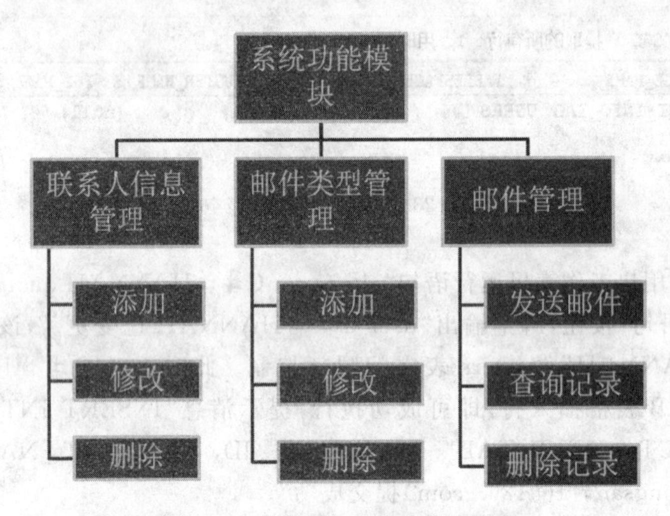

图 3-1　邮件管理系统功能结构图

3.2　数据库设计

3.2.1　数据库表设计

根据简单邮件系统的功能需求,在数据库中设计需求分析设计联系人基本信息表、邮件类型信息表、邮件记录基本信息表,如表 3-1、表 3-2 及表 3-3 所示。

表 3 - 1　联系人基本信息表(contact_info_tab)

中文名	字段名	字段类型	是否空	约束	备注
联系人 ID	contact_id	number	否	主键	
联系人姓名	contact_name	varchar2(16)	否	无	
E - mail	e_mail	varchar2(24)	否	无	

表 3 - 2　邮件类型信息表(email_type_tab)

中文名	字段名	字段类型	是否空	约束	备注
类型 ID	type_id	number	否	主键	
类型名称	type_name	varchar2(16)	否	无	

表 3 - 3　邮件记录基本信息表(email_record_tab)

中文名	字段名	字段类型	是否空	约束	备注
记录 ID	record_id	number	否	主键	
收件人 ID	contact_id	number	否	外键	
发送日期	send_date	date	否	无	
是否有附件	is_fujian	number	否	无	
邮件类型 ID	type_id	number	否	外键	
邮件内容	email_info	varchar2(128)	否	无	

3.2.2 在 Oracle 中创建数据表

创建数据库表之前需要创建一个数据库用户，而且还得先创建一个表空间。Oracle 12c 安装成功后数据库系统有一个默认的数据库实例，例如本机上的默认实例为 ORAPM(以安装时确定实例名为准)，本数据库实例中有个默认的 scott 方案，其对应于一个表空间，也对应 scott 用户，它的密码被设为 scott。

进入 SQl Plus 窗口，用如下的命令创建数据表：

(1) 创建联系人基本信息表

```
create table contact_info_tab(
    contact_id number primary key,
    contact_name varchar2(16)not null,
    e_mail varchar2(24)not null
);
```

(2) 创建邮件类型信息表

```
create table email_type_tab(
```

```
    type_id number primary key,
    type_name varchar2(16)not null
);
```

(3) 创建邮件记录信息表

```
create table email_record_tab(
    record_id number primary key,
    contact_id number references contact_info_tab(contact_id) not null,
    send_date date not null,
    is_fujian number not null check(is_fujian in(0,1)),
    type_id number references email_type_tab(type_id),
    email_info varchar2(128) not null
);
```

3.3 系统实现

3.3.1 创建应用程序

运行 Visual C++,选择 "文件"→" 新建"命令,弹出"新建"对话框。从工程列表中选择 MFC AppWizard(exe)向导,在"位置"文本框中选择项目工程的目录"F:\EMAILMANA GEMENT",在"工程名称"文本框中输入工程文件的名称"EmailManagement",如图 3-2 所示。

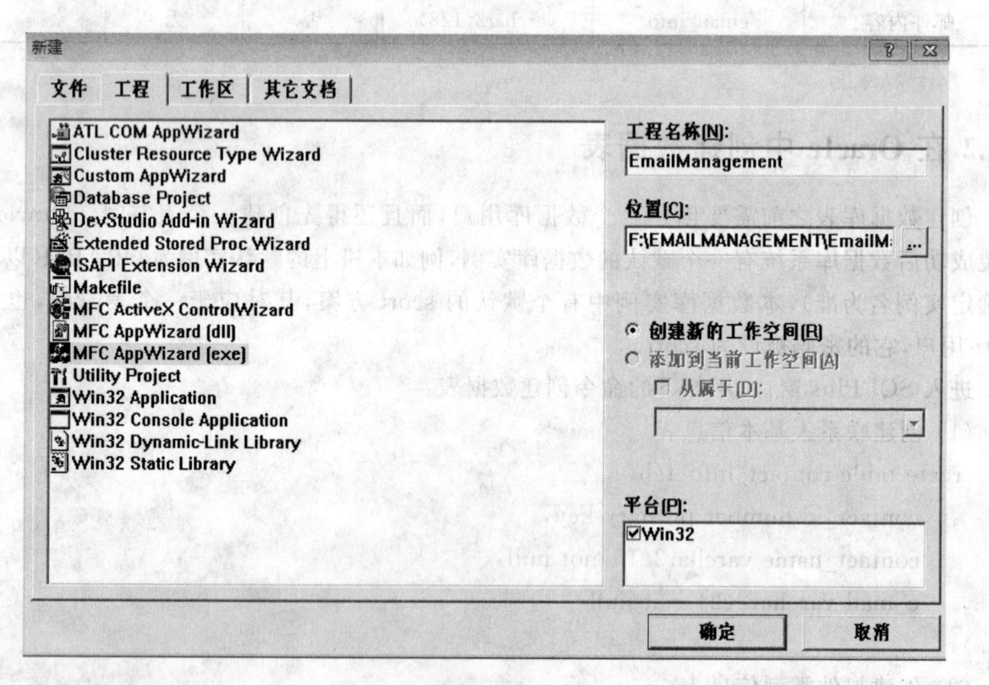

图 3-2　新建工程项目示意图

单击确定按钮，进入 MFC AppWizard - Step 1 页面，从应用程序的类型中选择 Dialog based 选项，从语言列表中选择"中文(中国)(APPWZCHS. DLL)"，单击完成按钮，Email Management 对话框的应用程序创建完毕。

3.3.2 设计邮件管理系统主界面

主界面分为四大块，分别为：连接数据库、联系人信息管理、邮件类型管理、邮件记录管理。其控件列表分别如表 3-4、表 3-5、表 3-6 及表 3-7 所示。

表 3-4　数据库连接控件列表

控件类型	ID	标题	添加变量或者函数
组框	IDC_STATIC	Oracle 12c 连接	
静态文本	IDC_STATIC	数据库实例名	
静态文本	IDC_STATIC	用户名	
静态文本	IDC_STATIC	用户密码	
编辑框	IDC_EDIT_DBSOURCE		CString 类型变量 m_strDBSource
编辑框	IDC_EDIT_USERNAME		CString 类型变量 m_strUserName
编辑框	IDC_EDIT_PASSWORD		CString 类型变量 m_strPassword
按钮	IDC_BTN_CONN	连接	函数 OnBtnConn()数据库的连接
按钮	IDC_BTN_EXIT	退出	函数 OnBtnExit() 退出系统

表 3-5　联系人信息控件列表

控件类型	ID	标题	添加变量或者函数
组框	IDC_STATIC	联系人信息管理	
列表框	IDC_LIST_CONTACT		ClistCtrl 型变量 m_listContact
按钮	IDC_BT_ADDCON	添加	函数 OnBtAddcon()
按钮	IDC_BT_MODCON	修改	函数 OnBtModcon()
按钮	IDC_BT_DELCON	删除	函数 OnBtDelcon()

表 3-6　邮件类型控件列表

控件类型	ID	标题	添加变量或者函数
组框	IDC_STATIC	邮件类型管理	
列表框	IDC_LIST_ETYPE		ClistCtrl 型变量 m_listType
按钮	IDC_BT_ADDTYPE	添加	函数 OnBtAddtype()
按钮	IDC_BT_MOTYPE	修改	函数 OnBtModtype()
按钮	IDC_BT_DELTYPE	删除	函数 OnBtDeltype()

表 3-7 邮件记录控件列表

控件类型	ID	标题	添加变量或者函数
组框	IDC_STATIC	邮件记录管理	
列表框	IDC_LIST_RECORD		ClistCtrl 型变量 m_listRecord
按钮	IDC_BT_SENDRED	发送邮件	函数 OnBtSendred()
按钮	IDC_BT_QUERYRED	查询记录	函数 OnBtQueryred()
按钮	IDC_BT_DELRED	删除记录	函数 OnBtDelred()

添加控件并设置属性后系统主界面如图 3-3 所示。

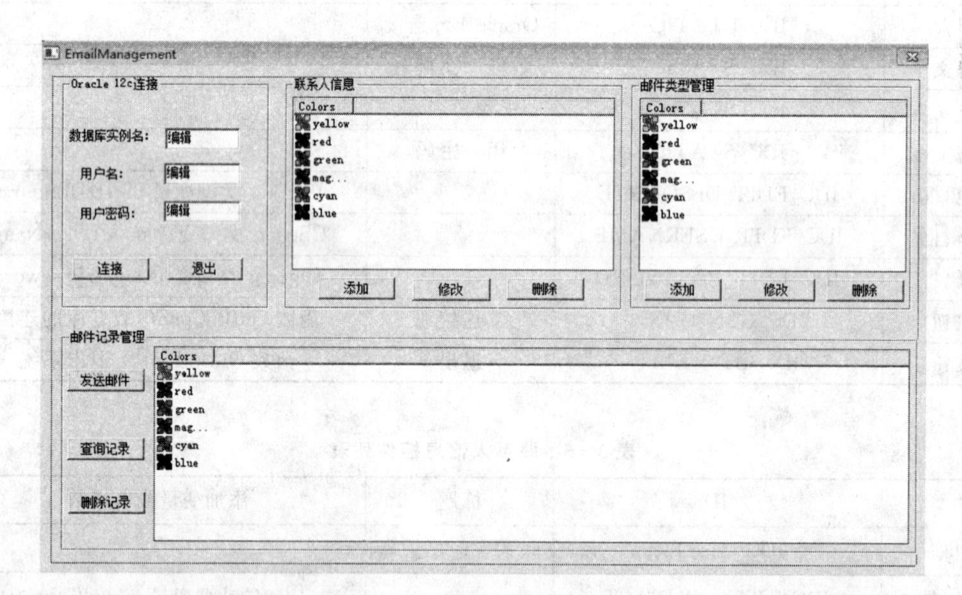

图 3-3 系统主界面示意图

3.3.3 添加控件显示列

主界面用列表控件分别显示联系人基本信息、邮件类型信息和邮件记录信息。需要为这 3 个列表控件添加显示的列，从而显示相应的数据信息。在 CEmailManagementDlg 类中定义了一个 InitListControl 私有函数负责添加控件的显示列，InitListControl 函数的代码如下：

```
void CEmailManagementDlg::InitListControl()
{
    //设置列表控件扩展风格
    DWORD dwExStyle=LVS_EX_FULLROWSELECT|LVS_EX_GRIDLINES|
    LVS_EX_HEADERDRAGDROP|LVS_EX_ONECLICKACTIVATE|LVS_EX_
    UNDERLINEHOT;
    m_listContact.SetExtendedStyle(dwExStyle);
```

```
    m_listRecord.SetExtendedStyle(dwExStyle);
    m_listType.SetExtendedStyle(dwExStyle);

    //初始化联系人列表控件
    m_listContact.InsertColumn(0,"ID",LVCFMT_CENTER,60);
    m_listContact.InsertColumn(1,"姓名",LVCFMT_CENTER,100);
    m_listContact.InsertColumn(2,"E-mail",LVCFMT_CENTER,100);

    //初始化邮件记录列表控件
    m_listRecord.InsertColumn(0,"记录 ID",LVCFMT_CENTER,60);
    m_listRecord.InsertColumn(1,"姓名",LVCFMT_CENTER,60);
    m_listRecord.InsertColumn(2,"邮件发送日期",LVCFMT_CENTER,140);
    m_listRecord.InsertColumn(3,"添加附件",LVCFMT_CENTER,60);
    m_listRecord.InsertColumn(4,"邮件类型",LVCFMT_CENTER,60);
    m_listRecord.InsertColumn(5,"邮件内容",LVCFMT_CENTER,200);
    //初始化邮件类型列表控件
    m_listType.InsertColumn(0,"类型 ID",LVCFMT_CENTER,60);
    m_listType.InsertColumn(1,"邮件类型",LVCFMT_CENTER,100);
}
```

在 CEmailManagementDlg 类 OnInitDialog()函数末尾调用 InitListControl 函数,可在系统启动时看到已添加的控件列表,如图 3-4 所示。

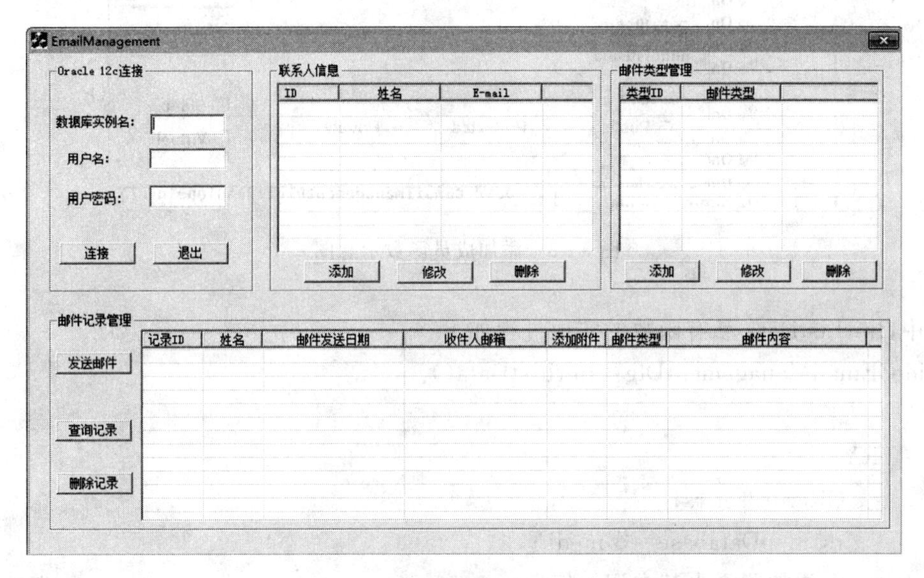

图 3-4　添加列表控件后界面图

3.3.4 读取数据库中的信息添加到主界面

在 CEmailManagementDlg 类中定义一个 InitListData 私有函数，负责从数据库中读取数据并显示到列表控件中。同时还需要定义 3 个分别读取数据到列表控件中的函数，分别为：

ReadcontactInfo(int id,CString name,CString email)；

ReadTypeInfo(int id,CString name)；

ReadRecordInfo(int id, CString name, CString sendDate, int isFujian, CString type, CString emailTxt)。

在 CEmailManagementDlg 类中定义一个 InitListData 私有函数具体过程如下：右击 CEmailManagementDlg 类，弹出的菜单中选择 AddMemberFunction，弹出“添加成员函数”对话框，然后添加函数信息，如图 3-5 所示。

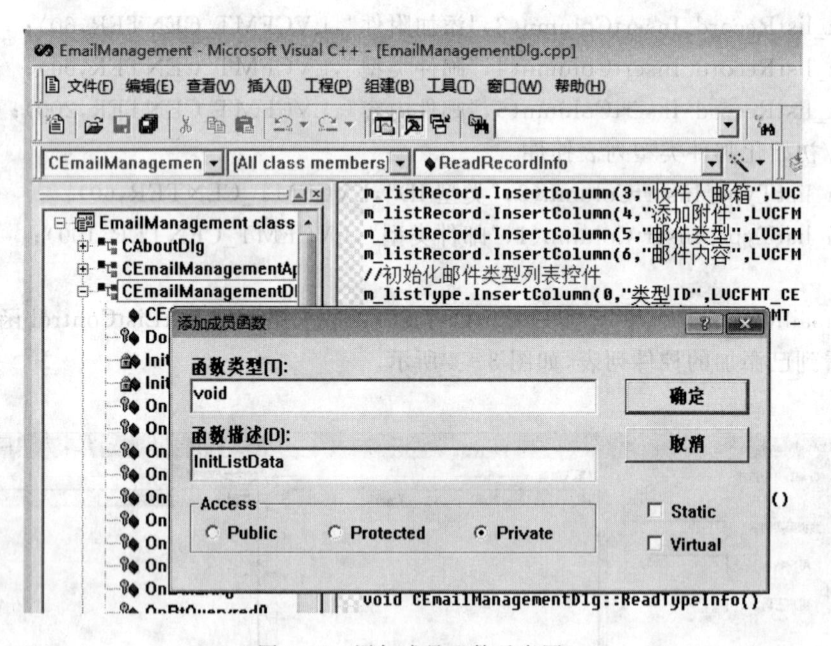

图 3-5　添加成员函数示意图

其中，InitListData 私有函数的实现过程如下：

```
void CEmailManagementDlg::InitListData()
{
    TRY{
        CRecordset rs;
        rs.m_pDatabase=&m_db;
        //添加联系人基本记录信息
        CString sql="Select * from contact_info_tab";
        //获取邮件联系人记录集
        rs.Open(CRecordset::dynaset,sql);
```

```
int id;
CString name,email;
while(! rs.IsEOF()){
    CDBVariant var;
    //获取联系人 ID 字段值
    rs.GetFieldValue((short)0,var,SQL_C_SLONG);
    if(var.m_dwType! =DBVT_NULL)
    id=var.m_iVal;
    var.Clear();
    //获取联系人姓名字段值
    rs.GetFieldValue(1,name);
    //获取联系人邮箱字段值
    rs.GetFieldValue(2,email);
    //把记录值插入到联系人列表控件中.
    ReadcontactInfo(id,name,email);
    rs.MoveNext();
}
rs.Close();
//向邮件类型列表控件中添加邮件类型信息
sql="Select * from email_type_tab";
//获取邮件类型记录集
rs.Open(CRecordset::dynaset,sql);
CString typeName;
while(! rs.IsEOF()){
    CDBVariant var;
    //获取邮件类型 ID 字段值.
    rs.GetFieldValue((short)0,var,SQL_C_SLONG);
    if(var.m_dwType! =DBVT_NULL)
    id=var.m_iVal;
    var.Clear();
    //获取邮件类型名称字段值
    rs.GetFieldValue(1,typeName);
    //在邮件类型列表控件中加入新的记录信息.
    ReadTypeInfo(id,typeName);
    rs.MoveNext();
}
rs.Close();
//向邮件记录列表控件中加入邮件记录信息集
sql="Select * from email_record_tab";
```

```
//打开邮件记录信息的记录集.
rs.Open(CRecordset::dynaset,sql);
while(! rs.IsEOF()){
    CDBVariant var;
    int recordID,contactID,isFujian,typeID;
    CString emial,sendDate,emailTxt,strName,strType;
    //获取邮件 ID 字段值
    rs.GetFieldValue((short)0,var,SQL_C_SLONG);
    if(var.m_dwType! =DBVT_NULL)
    recordID=var.m_iVal;
    var.Clear();
    //获取收件人 ID 字段值
    rs.GetFieldValue(1,var,SQL_C_SLONG);
    if(var.m_dwType! =DBVT_NULL)
    contactID=var.m_iVal;
    var.Clear();
    //获取邮件发送日期字段值
    rs.GetFieldValue(2,sendDate);
    var.Clear();
    //获取是否添加附件字段值
    rs.GetFieldValue(3,var,SQL_C_SLONG);
    if(var.m_dwType! =DBVT_NULL)
    isFujian=var.m_iVal;
    var.Clear();
    //获取邮件录类型 ID 值.
    rs.GetFieldValue(4,var,SQL_C_SLONG);
    if(var.m_dwType! =DBVT_NULL)
    typeID=var.m_iVal;
    var.Clear();
    //获取邮件信息内容字段值.
    rs.GetFieldValue(5,emailTxt);
    CRecordset rs2(&m_db);
    //通过联系人 ID 获取联系人的姓名
    CString temp;
    temp.Format("Select CONTACT_NAME from contact_info_tab where"
    "CONTACT_ID=%d",contactID);
    rs2.Open(CRecordset::dynaset,temp);
    if(! rs2.IsEOF())
    rs2.GetFieldValue((short)0,strName);
```

```
            rs2.Close();
            //通过邮件类型ID获取邮件类型名称.
            temp.Format("Select TYPE_NAME from EMAIL_TYPE_TAB where"
            "TYPE_ID='%d'",typeID);
            rs2.Open(CRecordset::dynaset,temp);
            if(! rs2.IsEOF())
            rs2.GetFieldValue((short)0,strType);
            rs2.Close();
            //向邮件列表控件中加入一条新的记录信息.
            ReadRecordInfo(recordID,strName,sendDate,isFujian,strType,emailTxt);
            rs.MoveNext();
        }
    }
    CATCH(CDBException,ex)
    {
        AfxMessageBox(ex->m_strError);
        AfxMessageBox(ex->m_strStateNativeOrigin);
    }
    AND_CATCH(CMemoryException,pEx)
    {
        pEx->ReportError();
        AfxMessageBox("memory exception");
    }
    AND_CATCH(CException,e)
    {
        TCHAR szError[100];
        e->GetErrorMessage(szError,100);
        AfxMessageBox(szError);
    }
    END_CATCH
}
```

添加联系人列表控件信息的函数实现：

```
void CEmailManagementDlg::ReadcontactInfo(int id,CString name,CString email)
{
    //获得当前的记录数
    int nIndex=m_listContact.GetItemCount();
    LV_ITEM lvItem;
    lvItem.mask=LVIF_TEXT ;
    lvItem.iItem=nIndex;
```

```
    lvItem.iSubItem=0;
    CString temp ;
    temp.Format("%d",id);
    lvItem.pszText=(char *)(LPCTSTR)temp;
    //在 nIndex 一行插入联系人信息数据.
    m_listContact.InsertItem(&lvItem);
    m_listContact.SetItemText(nIndex,1,name);
    m_listContact.SetItemText(nIndex,2,email);
}
```

添加邮件类型列表控件信息的函数实现：

```
void CEmailManagementDlg::ReadTypeInfo(int id,CString typeName)
{
    //获得当前的记录条数.
    int nIndex=m_listType.GetItemCount();
    LV_ITEM lvItem;
    lvItem.mask=LVIF_TEXT ;
    lvItem.iItem=nIndex;
    lvItem.iSubItem=0;
    CString temp ;
    temp.Format("%d",id);
    lvItem.pszText=(char *)(LPCTSTR)temp;
    //在最后一行插入邮件类型数据.
    m_listType.InsertItem(&lvItem);
    m_listType.SetItemText(nIndex,1,typeName);
}
```

添加邮件记录信息列表控件信息的函数实现：

```
void CEmailManagementDlg::ReadRecordInfo(int id,CString name,CString sendDate,
int isFujian,CString type,CString emailTxt)
{
    //获取当前的记录条数.
    int nIndex=m_listRecord.GetItemCount();
    LV_ITEM lvItem;
    lvItem.mask=LVIF_TEXT ;
    lvItem.iItem=nIndex;
    lvItem.iSubItem=0;
    CString temp ;
    temp.Format("%d",id);
    lvItem.pszText=(char *)(LPCTSTR)temp;
    m_listRecord.InsertItem(&lvItem);
```

```
        m_listRecord.SetItemText(nIndex,1,name);
        m_listRecord.SetItemText(nIndex,2,sendDate);
        m_listRecord.SetItemText(nIndex,3,isFujian==0?"否":"是");
        m_listRecord.SetItemText(nIndex,4,type);
        m_listRecord.SetItemText(nIndex,5,emailTxt);
    }
```

3.3.5 连接数据库

首先配置 ODBC 数据源，其中数据库实例为 ORAPM，用户名 scott，用户密码 scott，在“开始”→程序”→“Oracle”→“配置和移植工具”里面找到 ODBC 管理员进行配置。

配置成功后，在 CEmailManagementDlg 类中创建类 CDatabase 的对象 m_db，在 StdAfx.h 头文件中引入文件 #include <afxdb.h>，然后在 OnBtnConn 函数中处理数据库的连接，代码如下：

```
void CEmailManagementDlg::OnBtnConn()
{
    // TODO: Add your control notification handler code here
    if(! UpdateData()) return;
    //判断数据库是否已经连接
    if(m_db.IsOpen())
    {
        AfxMessageBox("数据库已经连接");
        return;
    }
    //数据库配置参数不能为空.
    if(m_strDBSource.IsEmpty()||m_strUserName.IsEmpty()||m_strPassword.IsEmpty())
    {
        AfxMessageBox("数据库配置参数不能够为空");
        return;
    }
    //创建连接字符串.
    CString strConnect;
    strConnect.Format("DSN=%s;UID=%s;PWD=%s",m_strDBSource,m_
    strUserName,m_strPassword);
    //打开数据库的连接,并且捕获异常
    TRY{
        m_db.OpenEx(strConnect,CDatabase::noOdbcDialog);
    }
    CATCH(CDBException,ex)
    {
```

```
        AfxMessageBox(ex->m_strError);
        AfxMessageBox(ex->m_strStateNativeOrigin);
    }
    AND_CATCH(CMemoryException,pEx)
    {
        pEx->ReportError();
        AfxMessageBox("memory exception");
    }
    AND_CATCH(CException,e)
    {
        TCHAR szError[100];
        e->GetErrorMessage(szError,100);
        AfxMessageBox(szError);
    }
    END_CATCH
    InitListData();
}
```

InitListData()函数在数据库连接函数的最后面调用，将数据库里面的信息显示到主界面各个列表框中。在主界面数据库连接组框中输入数据库连接信息（本案例中数据库实例名为ORAPM，用户名为scott，用户密码为scott，读者根据自己配置的ODBC数据源输入对应连接信息），单击连接按钮，可将数据库中信息显示如图3-6所示。

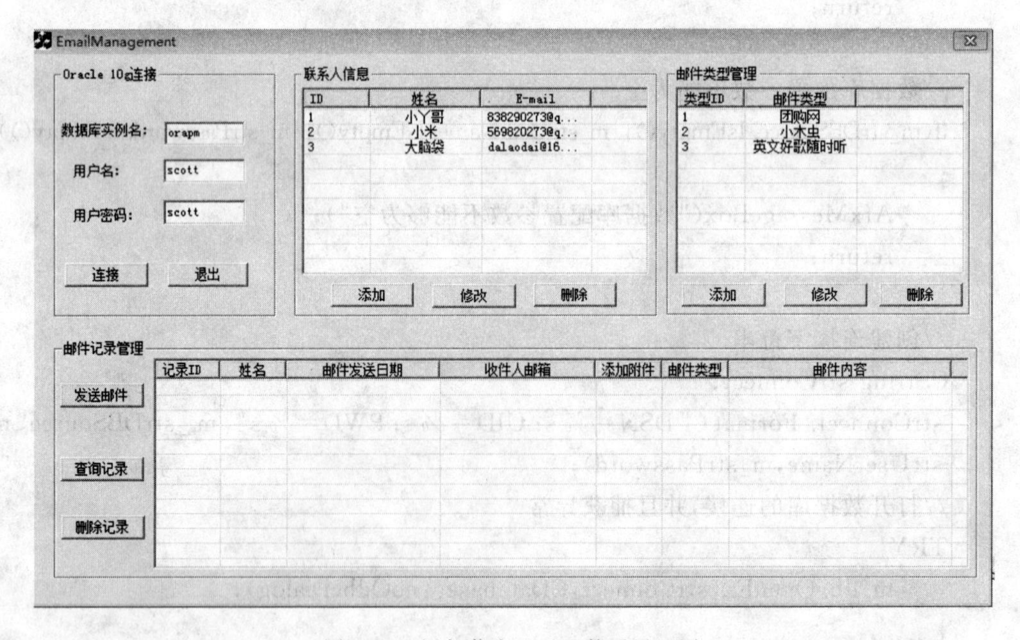

图3-6 添加信息显示函数后界面图

3.3.6　联系人信息管理

新建联系人信息管理对话框，其中 ID 为 IDD_DIALOG_CONTACT，标题为“邮件联系人”，并建立对话框向导类 CContactManagement。对话框中添加控件信息如表 3-8 所示。

表 3-8　添加联系人对话框控件列表

控件类型	ID	标题	添加变量或者函数
静态文本	IDC_STATIC	联系人姓名	
静态文本	IDC_STATIC	联系人 Email	
编辑框	IDC_EDIT_CNAME		CString 变量 m_strCName
编辑框	IDC_EDIT_CEMAIL		CString 变量 m_strCEmail
按钮	IDOK	确定	
按钮	IDCANCEL	取消	

添加控件后，“邮件联系人”管理对话框如下图 3-7 所示。

图 3-7　添加联系人管理对话示意图

1. 添加联系人信息

首先在 CEmailManagementDlg 类中引入文件 #include"ContactManagement. h"，然后在 CEmailManagementDlg 类的 OnBtAddcon 函数中添加代码如下：

```
void CEmailManagementDlg::OnBtAddcon()
{
    // TODO: Add your control notification handler code here
    //创建一个联系人对话框实例
    CContactManagement dlg;
    //打开联系人对话框
    if(dlg.DoModal()==IDOK)
```

```
{
    //从对话框中获取姓名和 Email 参数.
    CString strName=dlg.m_strCName;
    CString strEmail=dlg.m_strCEmail;
    TRY{
        //打开记录集
        CRecordset rs(&m_db);
        rs.Open(CRecordset::dynaset,"Select max(contact_id) from contact_info_tab");
        //设置新添加记录的联系人 ID 值.
        int newContactID=1;
        //如果数据库里面已经有记录了,则新的联系人 ID 是联系人 ID 最大值+1
        if(! rs.IsEOF())
        {
            CDBVariant var;
            rs.GetFieldValue((short)0,var,SQL_C_SLONG);
            if(var.m_dwType! =DBVT_NULL)
            newContactID=var.m_iVal+1;
        }
        //创建插入新联系人记录的字符串.
        CString sql ;
        sql.Format("Insert into contact_info_tab(contact_id,"
        "contact_name,e_mail)"
        "VALUES("
        "%d,'%s','%s')",newContactID,strName,strEmail);
        TRACE(sql);
        //新的联系人记录插入到数据库中.
        m_db.ExecuteSQL(sql);
        //把新联系人记录的信息显示在列表控件中.
        ReadcontactInfo(newContactID,strName,strEmail);
    }
    CATCH(CDBException,ex)
    {
        AfxMessageBox(ex->m_strError);
        AfxMessageBox(ex->m_strStateNativeOrigin);
    }
    AND_CATCH(CException,e)
    {
        TCHAR szError[100];
        e->GetErrorMessage(szError,100);
```

```
                AfxMessageBox(szError);
            }
            END_CATCH
        }
}
```

2. 修改联系人信息

修改联系人信息函数代码如下：

```
void CEmailManagementDlg::OnBtModcon()
{
    // TODO: Add your control notification handler code here
    //选择要修改的记录项.
    int cItem=m_listContact.GetNextItem(-1,LVNI_SELECTED);
    if(cItem==-1){
        AfxMessageBox("没有选中要修改的联系人");
        return;
    }
    //获取第 cItem 列中的信息.
    int id=atoi(m_listContact.GetItemText(cItem,0));
    CString name=m_listContact.GetItemText(cItem,1);
    CString strEmail=m_listContact.GetItemText(cItem,2);
    //创建联系人对话框实例.
    CContactManagement dlg;
    //给联系人对话框的实例的变量赋值.
    dlg.m_strCName=name;
    dlg.m_strCEmail=strEmail;
    //打开联系人对话框,进行修改.
    if(dlg.DoModal()==IDOK)
    {
        //获取修改后的参数.
        CString strName=dlg.m_strCName;
        CString strEmail=dlg.m_strCEmail;
        TRY
        {
            CString sql;
            //修改数据库相应的记录.
            sql.Format("update contact_info_tab set contact_name='%s',"
            "e_mail='%s'"
            "where contact_id=%d",strName,strEmail,id);
```

```
            TRACE(sql);
            m_db.ExecuteSQL(sql);
            //修改列表控件的值.
            m_listContact.SetItemText(cItem,1,strName);
            m_listContact.SetItemText(cItem,2,strEmail);
        }
        CATCH(CDBException,ex)
        {
            AfxMessageBox(ex->m_strError);
            AfxMessageBox(ex->m_strStateNativeOrigin);
        }
        AND_CATCH(CException,e)
        {
            TCHAR szError[100];
            e->GetErrorMessage(szError,100);
            AfxMessageBox(szError);
        }
        END_CATCH
    }
}
```

3. 删除联系人记录

删除联系人记录函数代码如下：

```
void CEmailManagementDlg::OnBtDelcon()
{
    // TODO: Add your control notification handler code here
    //获取要删除的联系人记录所在的行.
    int cItem=m_listContact.GetNextItem(-1,LVNI_SELECTED);
    if(cItem==-1){
        AfxMessageBox("没有选中要删除的联系人");
        return;
    }
    //获取要删除联系人的 ID.
    int id=atoi(m_listContact.GetItemText(cItem,0));
    TRY
    {
        CString sql;
        //从数据库中删除记录.
        sql.Format("DELETE contact_info_tab"
```

```
            "where contact_id=%d",id);
            TRACE(sql);
            m_db.ExecuteSQL(sql);
            //从列表控件中删除选中该记录.
            m_listContact.DeleteItem(cItem);
        }
        CATCH(CDBException,ex)
        {
            AfxMessageBox(ex->m_strError);
            AfxMessageBox(ex->m_strStateNativeOrigin);
        }
        AND_CATCH(CException,e)
        {
            TCHAR szError[100];
            e->GetErrorMessage(szError,100);
            AfxMessageBox(szError);
        }
        END_CATCH
    }
```

3.3.7 邮件类型信息管理

新建邮件类型信息管理对话框,其中 ID 为 IDD_DIALOG_TYPE,标题为"邮件类型",并建立对话框向导类 CEmailTypeDig。对话框中添加控件信息如表 3-9 所示。

表 3-9 添加邮件类型对话框控件列表

控件类型	ID	标题	添加变量或者函数
静态文本	IDC_STATIC	邮件类型	
编辑框	IDC_EDIT_ETYPE		CString 变量 m_strEmailtype
按钮	IDOK	确定	
按钮	IDCANCEL	取消	

添加控件后邮件类型管理对话框如图 3-8 所示。

添加邮件类型信息,首先在 CEmailManagementDlg 类中引入文件 #include"EmailTypeDig.h",然后在 CEmailManagementDlg 类中实现邮件类型信息的添加、修改、删除功能,分别添加代码到下面对应的函数:

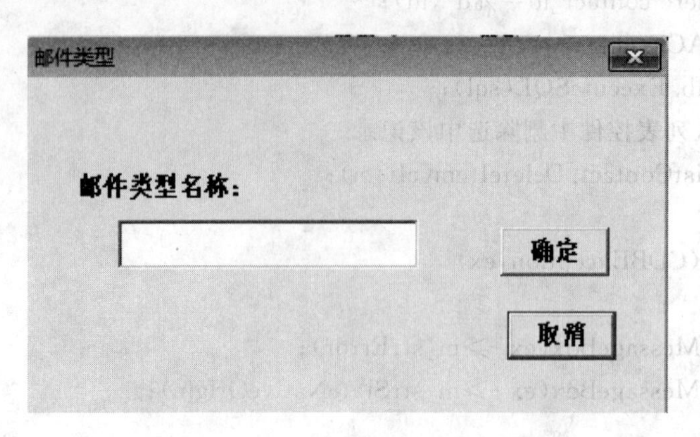

图 3-8　添加邮件类型对话框示意图

1. void CEmailManagementDlg::OnBtAddtype(){}
2. void CEmailManagementDlg::OnBtModtype(){}
3. void CEmailManagementDlg::OnBtDeltype(){}

以上三个函数的代码参照联系人信息管理部分的代码，此处不再列出。

3.3.8　邮件记录信息管理

新建邮件记录信息管理对话框，其中 ID 为 IDD_DIALOG_RECORD，标题为'邮件记录'，并建立对话框向导类 CEmailRecordDig。对话框中添加控件信息如表 3-10 所示。

表 3-10　管理邮件记录对话框控件列表

控件类型	ID	标题	添加变量或者函数
静态文本	IDC_STATIC	联系人	
静态文本	IDC_STATIC	邮件类型	
静态文本	IDC_STATIC	发送日期	
静态文本	IDC_STATIC	邮件内容	
组合框	IDC_COMBO_CONTACT		CComboBox 类型变量 m_cbContact m_strContact
组合框	IDC_COMBO_TYPE		CComboBox 类型变量 m_cbEtype
复选框	IDC_CHECK_FUJIAN	添加附件	BOOL 类型变量 m_isFujian
日期选取器	IDC_DATEPICKER		COleDateTime 类型变量 m_sendDate
编辑框	IDC_EDIT_EINFO		CString 类型变量 m_strEmailinfo
按钮	IDOK	确定	函数 OnOK()
按钮	IDCANCEL	取消	

添加列表控件后邮件记录管理对话框如图 3－9 所示。

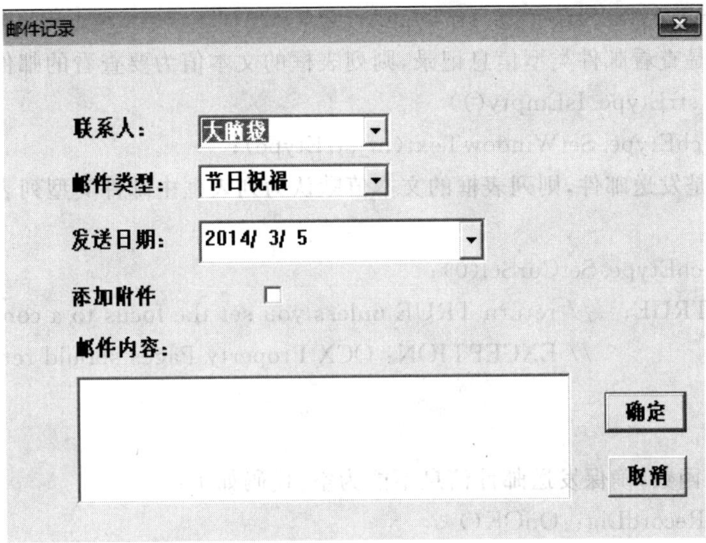

图 3－9　邮件记录管理对话框示意图

添加邮件类型信息，首先在 CEmailManagementDlg 类中引入文件 #include"EmailRecordDig.h"，并在 CEmailRecordDig 类中定义两个用于存储联系人信息和邮件类型信息的数组，代码如下：

```
//定义联系人字符串数组.
CStringArray m_strContactArray;
//定义邮件类型字符串数组.
CStringArray m_strTypeArray;
```

另外定义一个消息映射函数 OnInitDialog()，代码如下：

```
BOOL CEmailRecordDig::OnInitDialog()
{
    CDialog::OnInitDialog();
    // TODO: Add extra initialization here
    //在联系人列表框控件中添加联系人姓名数据.
    for(int i=0;i<m_strContactArray.GetSize();i++)
    m_cbContact.AddString(m_strContactArray.GetAt(i));
    //如果是查看记录，则列表框的文本值为要查看的收件人姓名.
    if(! m_strContact.IsEmpty())
        m_cbContact.SetWindowText(m_strContact);
    //如果是发送，则列表框的文本值默认为列表框中联系人列表中的第一个.
    else
        m_cbContact.SetCurSel(0);
```

```
    //向邮件类型列表框控件中添加类型记录.
    for(i=0;i<m_strTypeArray.GetSize();i++)
    m_cbEtype.AddString(m_strTypeArray.GetAt(i));
    //如果是查看邮件类型信息记录,则列表框的文本值为要查看的邮件类型.
    if(! m_strEtype.IsEmpty())
        m_cbEtype.SetWindowText(m_strEtype);
    //如果是发送邮件,则列表框的文本值默认为列表框中邮件类型列表中的第一个.
    else
        m_cbEtype.SetCurSel(0);
    return TRUE;  // return TRUE unless you set the focus to a control
                  // EXCEPTION: OCX Property Pages should return FALSE
}
```

添加 OnOK 函数,确保发送邮件信息不能为空,代码如下:

```
void CEmailRecordDig::OnOK()
{
    // TODO: Add extra validation here
    if(! UpdateData()) return;
    //邮件类型不能够为空
    if(m_strEtype.IsEmpty()){
        AfxMessageBox("邮件类型为空,请选择邮件类型");
        return;
    }
    //收件人姓名不能够为空
    if(m_strContact.IsEmpty()){
        AfxMessageBox("收件人名为空,请重新选收件人姓名");
        return;}
    CDialog::OnOK();
}
```

在 CEmailManagementDlg 类中实现邮件记录管理模块中的发送、查看、删除功能,分别添加代码到下面对应的函数。

发送邮件函数 OnBtSendred()代码如下:

```
void CEmailManagementDlg::OnBtSendred()
{
    // TODO: Add your control notification handler code here
    //初始化邮件记录信息对话框.
    CEmailRecordDig dlg;
    //获取所有的联系人的名称.
```

```
for(int i=0;i<m_listContact. GetItemCount();i++)
dlg. m_strContactArray. Add(m_listContact. GetItemText(i,1)) ;
//获取所有的邮件类型信息.
for(i=0;i<m_listType. GetItemCount();i++)
dlg. m_strTypeArray. Add(m_listType. GetItemText(i,1)) ;
//打开邮件记录对话框,添加新的记录.
if(dlg. DoModal()==IDOK){
    //从对话框中获取记录值.
    CString strName=dlg. m_strContact;
    CString strType=dlg. m_strEtype;
    CString strSendDate=COleDateTime::GetCurrentTime(). Format("%Y-%
    m-%d %H:%M:%S");
    int isFujian=dlg. m_isFujian;
    CString strEInfo=dlg. m_strEmailinfo;
    TRY{
        CRecordset rs(&m_db);
        CString sql;
        //根据联系人姓名获取联系人 ID 值.
        sql. Format("Select contact_id from contact_info_tab where"
        "contact_name='%s'",strName);
        rs. Open(CRecordset::dynaset,sql);
        int contactID=1;
        if(! rs. IsEOF()){
            CDBVariant var;
            rs. GetFieldValue((short)0,var,SQL_C_SLONG);
            if(var. m_dwType! =DBVT_NULL) contactID=var. m_iVal;
        }
        rs. Close();
        //根据邮件类型获取邮件类型 ID.
        sql. Format("Select TYPE_ID from EMAIL_TYPE_TAB where"
        "TYPE_NAME='%s'",strType);
        rs. Open(CRecordset::dynaset,sql);
        int typeID=1;
        if(! rs. IsEOF()){
            CDBVariant var;
            rs. GetFieldValue((short)0,var,SQL_C_SLONG);
            if(var. m_dwType! =DBVT_NULL)
                typeID=var. m_iVal;
        }
```

```
            rs. Close();
            //从 SEQ_RECORD_ID 序列中获取下一个值.
             rs. Open(CRecordset::snapshot,"Select SEQUENCE_RECORD_ID.
             NEXTVAL from dual");
            int recordID=10000;
            if(! rs. IsEOF()){
                CDBVariant var;
                rs. GetFieldValue((short)0,var,SQL_C_SLONG);
                if(var. m_dwType! =DBVT_NULL)
                    recordID=var. m_iVal;
            }
            //插入新记录.
            sql. Format("Insert into email_record_tab(RECORD_ID,"
            "CONTACT_ID,SEND_DATE,"
            "IS_FUJIAN,TYPE_ID,EMAIL_INFO)"
            "VALUES("
            "%d,%d,to_date('%s','yyyy-mm-dd hh24:mi:ss')"
            ",%d"
        ",%d,'%s')",recordID,contactID,strSendDate,isFujian,typeID,strEInfo);
            TRACE(sql);
            m_db. ExecuteSQL(sql);
            //向主界面中插入新的记录.
               ReadRecordInfo(recordID, strName, strSendDate, isFujian, strType,
               strEInfo) ;
        }
        CATCH(CDBException,ex){
            AfxMessageBox(ex->m_strError);
            AfxMessageBox(ex->m_strStateNativeOrigin);}
        AND_CATCH(CException,e){
        TCHAR szError[100];
            e->GetErrorMessage(szError,100);
            AfxMessageBox(szError);}
        END_CATCH
    }
}
```

查看邮件记录函数 OnBtQueryred()代码如下：

```
void CEmailManagementDlg::OnBtQueryred()
{   // TODO: Add your control notification handler code here
```

```
//获取要查看的邮件记录信息所在的行数.
int rItem=m_listRecord.GetNextItem(-1,LVNI_SELECTED);
if(rItem==-1){
    AfxMessageBox("没有选择要查看的记录");
    return;}
//获取邮件记录 ID.
int recordID=atoi(m_listRecord.GetItemText(rItem,0));
//初始化邮件记录信息对话框.
CEmailRecordDlg dlg;
//给对话框赋参数.
dlg.m_strContact=m_listRecord.GetItemText(rItem,1);
dlg.m_strEtype=m_listRecord.GetItemText(rItem,4);
dlg.m_sendDate.ParseDateTime(m_listRecord.GetItemText(rItem,2));
if(m_listRecord.GetItemText(rItem,3).CompareNoCase("是")==0)
    dlg.m_isFujian=1;
else
    dlg.m_isFujian=0;
dlg.m_strEmailinfo=m_listRecord.GetItemText(rItem,5);
//打开查看记录的对话框.
if(dlg.DoModal()==IDOK){
    //获取查看记录的值
    CString strName=dlg.m_strContact;
    CString strType=dlg.m_strEtype;
    CString strsendDate=m_listRecord.GetItemText(rItem,2);
    int isFujian=dlg.m_isFujian;
    CString strEmailinfo=dlg.m_strEmailinfo;
    TRY{m_listRecord.DeleteItem(rItem);
        ReadRecordInfo(recordID,strName,strsendDate,isFujian,strType,strEmailinfo);}
    CATCH(CDBException,ex){
        AfxMessageBox(ex->m_strError);
        AfxMessageBox(ex->m_strStateNativeOrigin);}
    AND_CATCH(CException,e)
        {
            TCHAR szError[100];
            e->GetErrorMessage(szError,100);
            AfxMessageBox(szError);
        }
    END_CATCH
}
```

```
}
```

删除记录函数代码如下：

```
void CEmailManagementDlg::OnBtDelred()
{
    // TODO: Add your control notification handler code here
    int rItem=m_listRecord.GetNextItem(-1,LVNI_SELECTED);
    if(rItem==-1){
        AfxMessageBox("没有选择要删除的邮件记录");
        return;}
    //获取邮件记录 ID.
    int id=atoi(m_listRecord.GetItemText(rItem,0));
    TRY
    { CString sql;
        //从数据库中删除记录.
        sql.Format("DELETE email_record_tab"
        "where record_id=%d",id);
        TRACE(sql);
        m_db.ExecuteSQL(sql);
        //从列表控件中删除该记录.
        m_listRecord.DeleteItem(rItem);
    }
    CATCH(CDBException,ex)
    {
        AfxMessageBox(ex->m_strError);
        AfxMessageBox(ex->m_strStateNativeOrigin);
    }
    AND_CATCH(CException,e)
    {
        TCHAR szError[100];
        e->GetErrorMessage(szError,100);
        AfxMessageBox(szError);
    }
    END_CATCH
}
```

3.4 总结

本案例详细介绍了一个简单的邮件管理小系统，先对系统的功能模块进行分析，然后根据功能模块设计数据库，创建数据表，再到各功能模块的具体实现，展现了一个简单的 oracle 数据库编程的实例开发，邮件管理系统程序运行结果如图 3-10 所示。

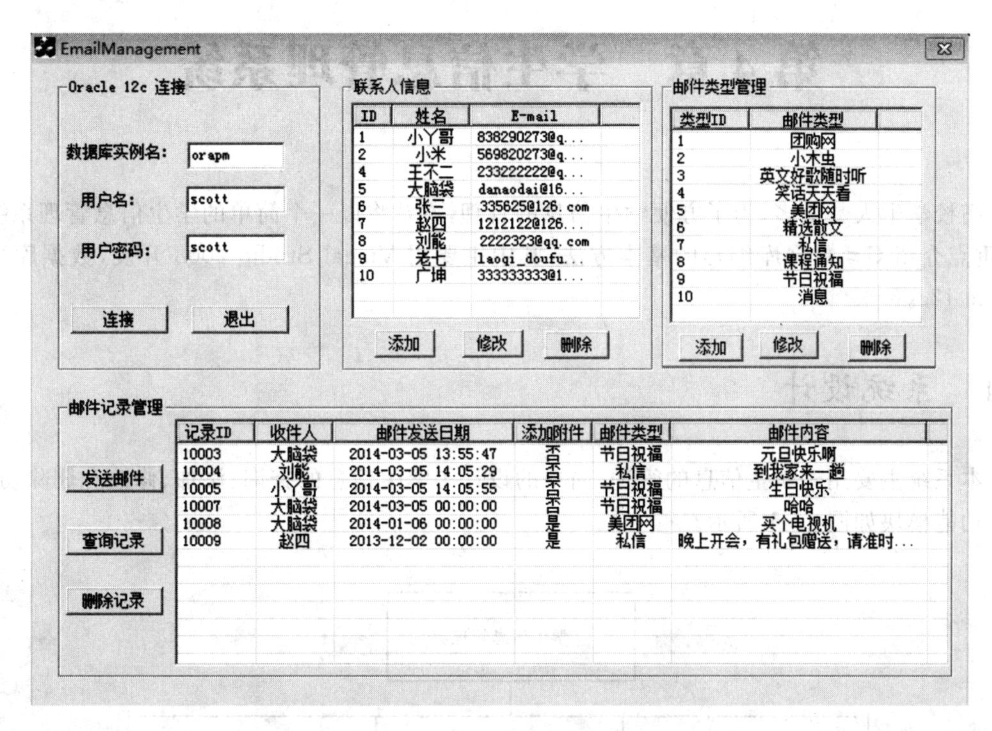

图 3-10　简单邮件系统运行效果图

本案例采用 ODBC 技术连接数据库，结合 MFC 技术设计邮件管理系统界面，介绍了 ODBC 连接数据库的步骤，同时也介绍了对数据库表记录的增、删、改、查等基本操作，整个案例比较简单。读者可以结合自身的编程能力，在本案例的基础上自由发挥，比如如何实现按时间段查找邮件记录、如何实现添加附件（图片、文档）等功能。

第 4 章　学生信息管理系统

高校学生人数众多,为了方便学生信息的管理,本章将以一个简单的学生信息管理系统为例,重点介绍 C# 数据库编程的基本方法,其中主要用 Visual Studio 2008 开发,数据库采用 Oracle 12c。

4.1　系统设计

本系统主要用于学生信息的管理,简单的设计了学生信息的查询、添加、修改和删除功能。系统功能模块如图 4-1 所示。

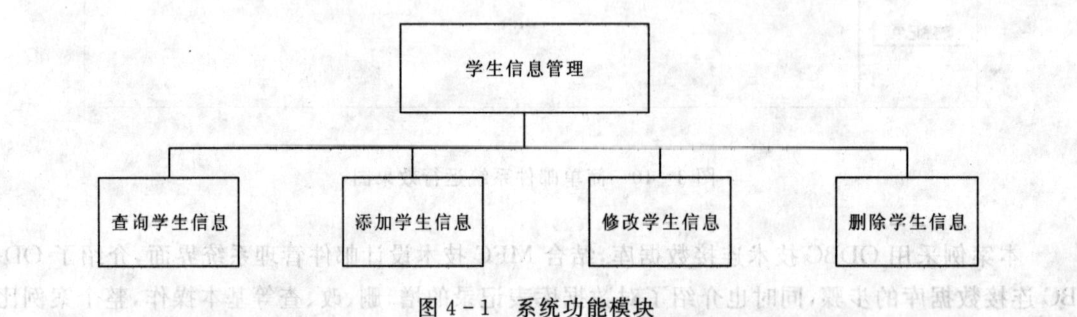

图 4-1　系统功能模块

4.2　数据库设计

4.2.1　数据库表设计

通过对系统的分析,数据库中主要需要设计的数据表有管理员信息表和学生信息表,分别如表 4-1 和表 4-2 所示。

表 4-1　管理员信息表(managers)

中文名	字段名	字段类型	是否空	约束	备注
用户名	id	varchar2(15)	否	主键	无
密码	password	varchar2(20)	否	非空	无

表 4-2　学生信息表(stuInfo)

中文名	字段名	字段类型	是否空	约束	备注
学号	id	varchar2(15)	否	主键	无
姓名	name	varchar2(20)	否	不为空	无
年龄	age	number	否	大于0	无
性别	sex	char(2)	否	'男'或'女'	无
班级	class	varchar2(10)	否	无	无
电话	phone	varchar2(12)	否	无	无

4.2.2　创建数据表

Oracle 12c 安装成功后有一个默认的数据库实例,本系统中的数据库实例即在这个默认的表空间中创建。本系统利用本机上的默认实例以及该实例中的默认用户 scott,其密码在安装时由用户自己定义。

启动 PL/SQL 工具,单击文件→新建→命令窗口,在命令窗口中直接输入如下命令创建数据表:

(1)创建管理员信息表

```
create table managers(
    id varchar2(15) primary key,
    password varchar2(20) not null
)
```

(2)创建学生信息表

```
create table stuInfo(
    id varchar2(15) primary key,
    name varchar2(20) not null,
    age number check(age>0),
    sex char(2) check(sex in('男','女')),
    class varchar2(10),
    phone varchar2(12)
)
```

每张数据表命令输入完成后,按回车键,提示 Table Created 即创建成功,就可以在默认的表空间中查看到创建的表了,也可以使用 SQL 命令 select 直接查询的方式来查看。

4.3 系统实现

4.3.1 新建项目

打开 Visual Studio 2008(以下简称 VS),点击文件→新建→项目,选择 Windows 窗体应用程序,并为该项目取名 stuManage,可以自己选择该项目要放的位置,之后点击确定,完成创建,如图 4-2 所示。

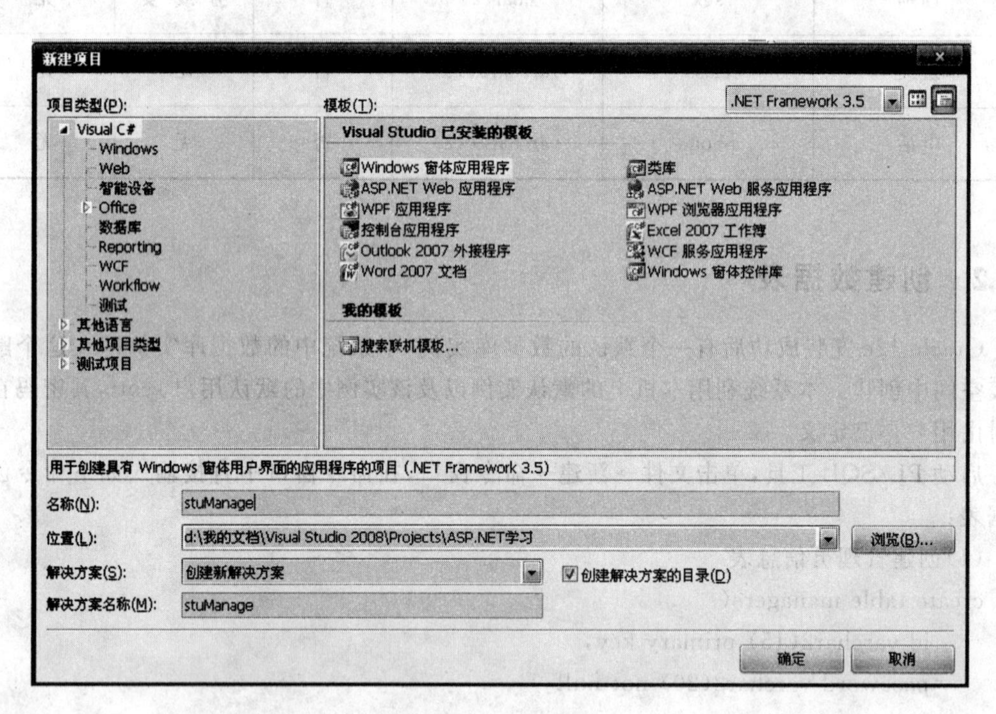

图 4-2 创建项目

创建完成之后,在 VS 解决方案资源管理器会出现当前创建的解决方案,如图 4-3 所示。

图 4-3 stuManage 解决方案

图 4－3 所示的几个自动添加的文件中，其中引用文件夹主要用来放置项目中添加的引用；在 Form1. cs 中设计界面，并根据需要编写对应函数；Program. cs 是整个项目的入口，默认的运行初始界面是 Form1. cs 的设计界面。

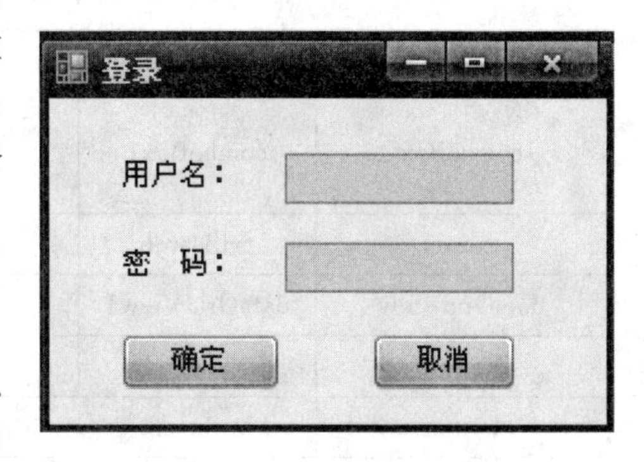

图 4－4　登录界面

4.3.2　界面设计

本系统的界面主要包括登录界面、系统主界面、增加学生信息界面和修改学生信息的界面。管理员登录之后，可以对学生信息进行基本的查询、添加、修改和删除操作。设计的登录界面和系统主界面分别如图 4－4、图 4－5 所示。

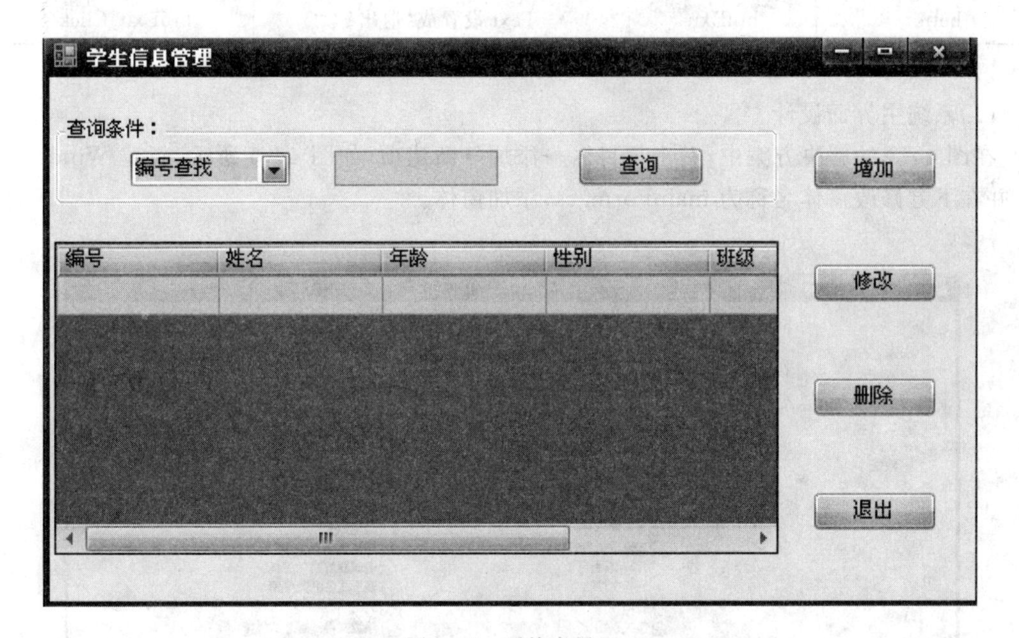

图 4－5　系统主界面

其中，登录界面和系统主界面中对应的控件列表如表 4－3、表 4－4 所示。

表 4－3　登录界面控件列表

控件	Name	其他属性	响应函数
txtbox	txtID	无	
txtbox	txtPWD	PasswordChar 设置成‘＊’	
button	btn_ok	Text 设置成‘确定’	btn_ok_Click()
button	btnCancer	Text 设置成‘取消’	btnCancer_Click()

表 4-4　系统主界面控件列表

控件	Name	其他属性	响应函数
comboBox	comboBox1	Text 设置成‘编号查找’,Items 添加‘编号查找,姓名查找’	
txtbox	txtSearch		
dataGridView	dataGridView1	Colums 添加列	
button	btnSearch	Text 设置成‘查询’	btnSearch_Click()
button	btnInsert	Text 设置成‘增加’	btn_Insert_Click()
button	btnModify	Text 设置成‘修改’	btnModify_Click()
button	btnDelete	Text 设置成‘删除’	btnDelete_Click()
button	btnExit	Text 设置成‘退出’	btnExit_Click()

(1)系统主界面设计

在图 4-3 的解决方案中,右击项目名→添加→新建项,如图 4-6 所示,新建 Windows 窗体,并在下方修改窗体名称为 mainForm. cs,添加窗体。

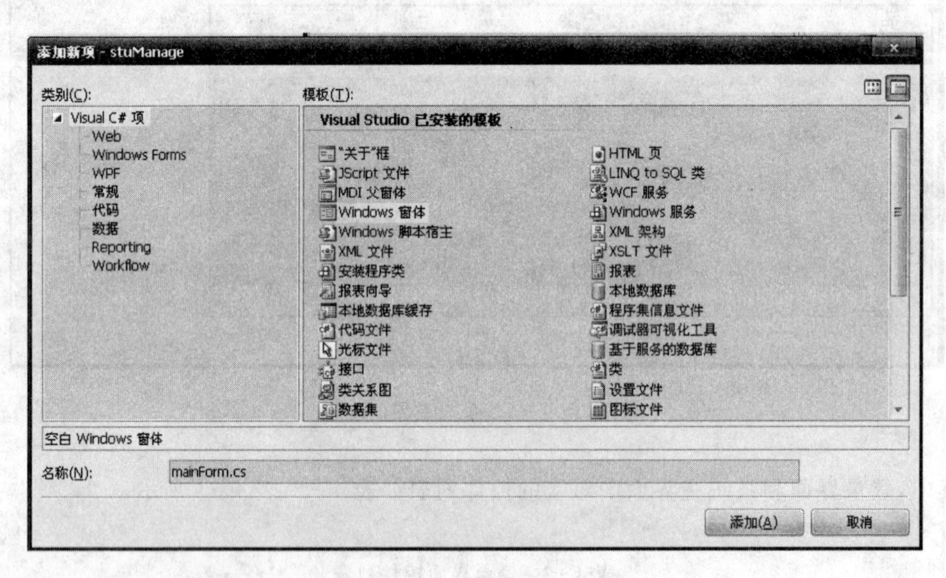

图 4-6　添加新窗体

在新窗体中,双击 mainForm. cs,出现 mainForm. cs[设计]面板,根据表 4-4 设计系统主界面(图 4-5)。在工具箱中拖动对应的控件,放置到 mainForm. cs[设计]面板上,调整对应位置。

在主界面中,需要特别说明的一点是关于 dataGridView 的使用,该控件用来显示学生信息。在界面上单击该控件,会出现属性列表,对其属性作如下修改:RowHeaderVisiber 属性设置为 false;ReadOnly 属性设置成 True;SelectionMode 设置成 FullRowSelect,以便单击一行信息可以全选该行;在 Columns 属性中添加要显示的列,对添加的每一列,修改其对应的 DataPropertyName 为数据库中对应的列，如图 4-7 所示。至此，该控件设计完成。

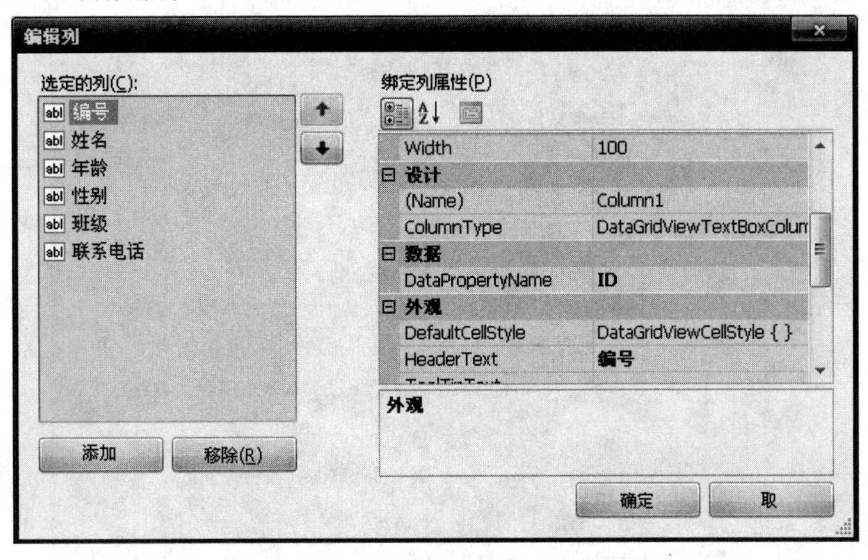

图 4-7　添加要显示的列

完成界面设计之后，双击查询、增加、修改、删除和退出按钮，进入 mainForm. cs 后台代码区，自动添加上对应的按钮点击的响应函数，如图 4-8 所示。

(2)登录界面设计

登陆界面设计类似系统主界面，根据表 4-3 和图 4-3 设计。

(3)其他界面设计

除了登录界面和系统主界面，在程序中还用到了添加信息及修改信息的界面，需要按照系统主界面的方式，新建两个窗体，一个用来添加学生，一个用来修改信息，分别如图 4-9、图 4-10 所示。

图 4-9　添加学生信息

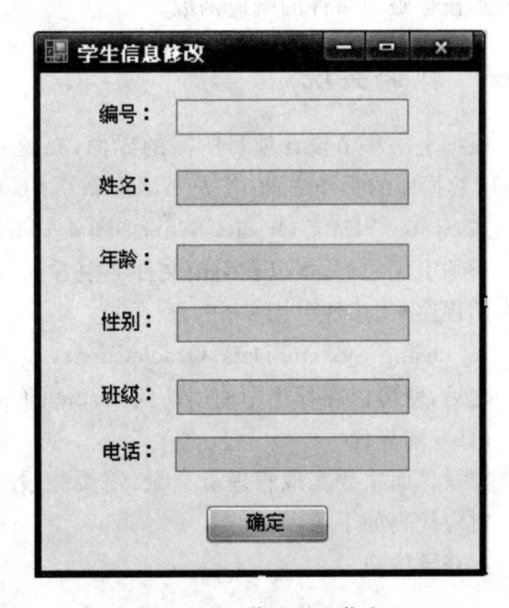

图 4-10　修改学生信息

```
stuManage.mainForm.btnE        private void btnExit_Click(object sender, EventArgs e)        Go
stuManage.mainForm             btnExit_Click(object sender, EventArgs e)
 1  using System;
 2  using System.Collections.Generic;
 3  using System.ComponentModel;
 4  using System.Data;
 5  using System.Drawing;
 6  using System.Linq;
 7  using System.Text;
 8  using System.Windows.Forms;
 9
10  namespace stuManage
11  {
12      public partial class mainForm : Form
13      {
14          public mainForm()
15          {
16              InitializeComponent();
17          }
18
19          private void btnSearch_Click(object sender, EventArgs e)
20          {
21
22          }
23
24          private void btnInsert_Click(object sender, EventArgs e)
25          {
26
27          }
28
29          private void btnModify_Click(object sender, EventArgs e)
30          {
31
32          }
33
34          private void btnDelete_Click(object sender, EventArgs e)
35          {
36
37          }
38
39          private void btnExit_Click(object sender, EventArgs e)
40          {
41              |
```

图 4-8　添加鼠标点击事件

在学生信息修改这一块，学生编号作为学生信息表中的主键存储在数据库中，因此在这里设计编号是不可修改的，仅在该 textbox 属性中设置其 ReadOnly 为 True 即可。双击确定按钮添加鼠标点击事件的响应函数。

4.3.3　代码实现

根据上一小节设计项目所需的界面，在这一步，主要讲解各事件的响应函数。在写有关 oracle 数据库的操作之前，首先要添加新引用，在图 4-3 中，单击右键→添加引用，在.NET 中添加 System.Data.OracleClient，如图 4-11 所示。

添加引用之后，可以在引用文件夹中看到刚添加的引用。在所有用到访问 oracle 数据库操作的程序头，添加引用

```
using System.Data.OracleClient
```

之后，便可以在程序中使用访问 oracle 的相关函数，如图 4-12 所示。

(1)登陆界面

登录界面主要实现管理员登录，需要在设计的管理员表中先插入几行数据，以便测试登录。对应代码如下：

```
//登录按钮
```

图 4 - 11　添加引用

```
1 using System;
2 using System.Collections.Generic;
3 using System.ComponentModel;
4 using System.Data;
5 using System.Drawing;
6 using System.Linq;
7 using System.Text;
8 using System.Windows.Forms;
9 using System.Data.OracleClient;
```

图 4 - 12　在程序中添加引用

```
private void btn_ok_Click(object sender,EventArgs e)
{
    if(txtID.Text! =null&&txtPwd.Text! =null)//用户名和密码不能为空
    {
        OracleDataAdapter da=new OracleDataAdapter();
        OracleConnection ocnn=new OracleConnection(@"Data Source=HBK;User
        ID=system;Password=hbk");
        string cmd="select * from managers where id='"+txtID.Text.ToString().Trim()+"'";
        OracleCommand ocm=new OracleCommand(cmd,ocnn);
        da.SelectCommand=ocm;
        DataSet ds=new DataSet();
        da.Fill(ds,"managers");
```

```
            if(ds.Tables[0].Rows.Count>0)
            {
                if(txtPwd.Text.Equals(ds.Tables[0].Rows[0][1].ToString()) )
                {
                    this.Hide();//登录界面隐藏
                    Form1 fm=new Form1();      //跳转入主界面
                    fm.ShowDialog();
                }
            }
            else
                MessageBox.Show("用户名或密码错误!");
        }
        else
            MessageBox.Show("用户名或密码不能为空");
    }

    //取消按钮
    private void btnCancer_Click(object sender,EventArgs e)
        {
            Application.Exit();
        }
```

(2)系统主界面

登录界面验证成功之后会自动跳转到系统主界面，为了使一跳转便能显示学生信息，需要添加一个函数为 dataGridView 绑定数据，在初始化函数下添加该函数的调用。在初始化函数后添加对绑定函数的调用。

```
    public Form1()
    {
        InitializeComponent();
        BindDataGridView();
    }
```

自定义数据绑定函数如下：

```
    void BindDataGridView()
    {
        OracleDataAdapter da=new OracleDataAdapter();
        OracleConnection conn=new OracleConnection(@"Data Source=HBK;User ID=
        system;Password=hbk");
        string cmd="select * from stuInfo";
```

```
    OracleCommand ocmd=new OracleCommand(cmd,conn);
    da.SelectCommand=ocmd;
    DataSet ds=new DataSet();
    da.Fill(ds,"stuInfo");

    dataGridView1.DataSource=ds.Tables["stuInfo"];
}
```

设置了两种查询操作，一种是按编号查询，另一种是按姓名查询。

```
//查询
private void btnSearch_Click(object sender,EventArgs e)
{
    OracleDataAdapter da=new OracleDataAdapter();
    OracleConnection conn=new OracleConnection(@"Data Source=HBK;User ID=
    system;Password=hbk");

    //索引为0是编号查找
    if(comboBox1.SelectedIndex==0)
    {
        string idsearch=txtSearch.Text;
        if(idsearch!="")
        {
            string cmd="select * from stuInfo where id='"+idsearch+"'";
            OracleCommand ocmd=new OracleCommand(cmd,conn);
            da.SelectCommand=ocmd;
            DataSet ds=new DataSet();
            da.Fill(ds,"stuInfo");
            if(ds.Tables["stuInfo"].Rows.Count!=0)
            {
                dataGridView1.DataSource=ds.Tables["stuInfo"];
            }
            else
                MessageBox.Show("编号错误或不存在");
        }
        else
            MessageBox.Show("请输入编号");
    }
    else
    {
```

```
            string nsearch=txtSearch.Text;
            if(nsearch!="")
            {
                string cmd="select * from stuInfo where name='"+nsearch+"'";
                OracleCommand ocmd=new OracleCommand(cmd,conn);
                da.SelectCommand=ocmd;
                DataSet ds=new DataSet();
                da.Fill(ds,"stuInfo");
                if(ds.Tables["stuInfo"].Rows.Count!=0)
                {
                    dataGridView1.DataSource=ds.Tables["stuInfo"];
                }
                else
                    MessageBox.Show("姓名错误或不存在");
            }
            else
                MessageBox.Show("请输入姓名");
        }
    }
```

在列表中选择所要删除的学生，点击删除按钮，可以删除学生信息。具体代码如下：

```
//删除
private void btnDelete_Click(object sender,EventArgs e)
{
    if(dataGridView1.SelectedRows.Count==0||dataGridView1.SelectedRows.
    Count!=1)
        MessageBox.Show("请选择要删除的学生!");
    else
    {
        if(DialogResult.Yes==MessageBox.Show("确定要删除吗?\n","确认删
        除",MessageBoxButtons.YesNo,MessageBoxIcon.Question))
        {
            //可将其另写一个类
            OracleDataAdapter da=new OracleDataAdapter();
            OracleConnection conn=new OracleConnection(@"Data Source=HBK;
            User ID=system;Password=hbk");

            string selectCmd="select * from stuInfo";
            OracleCommand scmd=new OracleCommand(selectCmd,conn);
```

```
            string deleteCmd="delete from stuInfo where ID=:id";
            OracleCommand dcmd=new OracleCommand(deleteCmd,conn);

            dcmd.Parameters.Add(":id",OracleType.VarChar,30,"ID");

            da.SelectCommand=scmd;
            da.DeleteCommand=dcmd;

            DataSet ds=new DataSet();
            da.Fill(ds,"stuInfo");

            //取要删除的信息的ID
            string stuid=dataGridView1.SelectedRows[0].Cells[0].Value.ToString();
            DataRow drDelete=null;

            //查找
            foreach(DataRow dr in ds.Tables["stuInfo"].Rows)
            {
                if(dr["ID"].ToString()==stuid)
                {
                    drDelete=dr;
                    break;
                }
            }

            drDelete.Delete();
            da.Update(ds,"stuInfo");

            BindDataGridView();
        }
    }
}
```

点击主界面的退出按钮，退出程序。具体代码如下：

```
private void btnExit_Click(object sender,EventArgs e)
{
    Application.Exit();
}
```

(3)添加学生信息界面

在主界面上单击添加学生,页面跳转至添加学生信息界面,如图 4-9 所示。添加完成之后,返回到系统主界面,可进行其他操作。

主界面添加按钮点击事件响应函数代码如下:

```
//添加
private void btn_Insert_Click(object sender,EventArgs e)
{
    stuInsert stuin=new stuInsert();
    stuin.ShowDialog();
    BindDataGridView();
}
```

从主界面跳转至添加信息的窗体,具体代码如下:

```
//确定按钮响应事件
private void btnSave_Click(object sender,EventArgs e)
{
    OracleDataAdapter da=new OracleDataAdapter();

    OracleConnection conn=new OracleConnection(@"Data Source=HBK;User ID=
    system;Password=hbk");
    //创建查询命令
    string selectCmd="select * from stuInfo";
    OracleCommand scmd=new OracleCommand(selectCmd,conn);
    //创建添加命令
    string insertCmd="insert into stuInfo values(:id,:name,:age,:sex,:class,:phone)";
    OracleCommand ocmd=new OracleCommand(insertCmd,conn);

    //添加参数对象
    ocmd.Parameters.Add(":id",OracleType.VarChar,30,"ID");
    ocmd.Parameters.Add(":name",OracleType.VarChar,30,"name");
    ocmd.Parameters.Add(":age",OracleType.Number,10,"age");
    ocmd.Parameters.Add(":sex",OracleType.VarChar,2,"sex");
    ocmd.Parameters.Add(":class",OracleType.VarChar,50,"class");
    ocmd.Parameters.Add(":phone",OracleType.VarChar,50,"phone");

    da.SelectCommand=scmd;
    da.InsertCommand=ocmd;

    DataSet ds=new DataSet();
```

```
        da. Fill(ds,"stuInfo");

        //向数据集中添加一行数据
        DataRow drNew=ds. Tables["stuInfo"]. NewRow();

        drNew[0]=txtID. Text;
        drNew[1]=txtName. Text;
        drNew[2]=Int32. Parse(txtAge. Text);
        drNew[3]=txtSex. Text;
        drNew[4]=txtClass. Text;
        drNew[5]=txtPhone. Text;
        //向表中添加行
        ds. Tables["stuInfo"]. Rows. Add(drNew);
        //将数据通过数据适配器更新到数据库
        da. Update(ds,"stuInfo")
        this. Close();
        this. Dispose();
    }
```

(4)修改学生信息界面

在主界面上单击修改按钮,可跳转至修改学生信息界面,如图 4-10 所示。修改完成之后,返回系统主界面,可进行其他操作。

主界面点击修改函数,对应的响应函数如下:

```
//修改
private void btnModify_Click(object sender,EventArgs e)
{
    if(dataGridView1. SelectedRows. Count==0)
        MessageBox. Show("请选定要修改的行!");
    else if(dataGridView1. SelectedRows. Count==1)
    {
        string stu=dataGridView1. SelectedRows[0]. Cells["ID"]. Value. ToString();
        stuModify stumo=new stuModify(stu);
        stumo. ShowDialog();
        BindDataGridView();
    }
    else
        MessageBox. Show("一次只能修改一行!");
}
```

当页面跳转至信息修改界面时，需要定义字符串接收主界面传递过来的值。在信息修改窗体的代码部分，public stuModify(string stu)函数之前添加如下代码：

```
public string strstu;
OracleDataAdapter da=new OracleDataAdapter();
OracleConnection conn=new OracleConnection(@"Data Source=HBK;User ID=system;Password=hbk");
DataSet ds=new DataSet();
public stuModify(string stu)
{
    InitializeComponent();
    strstu=stu;
}
```

从主界面跳转至修改信息窗体，所选择的学生信息显示在图 4-10 所示的窗口中，修改所需修改的信息，点击确定即可，其修改信息代码如下：

```
//显示待修改信息
private void stuModify_Load(object sender,EventArgs e)
{
    //显示待修改学生的信息
    string selectCmd="select * from stuInfo where ID='"+strstu+"'";
    OracleCommand cmd=new OracleCommand(selectCmd,conn);
    da.SelectCommand=cmd;
    da.Fill(ds,"stuModify");

    txtID.Text=strstu;
    txtName.Text=ds.Tables["stuModify"].Rows[0]["name"].ToString();
    txtAge.Text=ds.Tables["stuModify"].Rows[0]["age"].ToString();
    txtSex.Text=ds.Tables["stuModify"].Rows[0]["sex"].ToString();
    txtClass.Text=ds.Tables["stuModify"].Rows[0]["class"].ToString();
    txtPhone.Text=ds.Tables["stuModify"].Rows[0]["phone"].ToString();
}

//完成修改
private void btnModify_Click(object sender,EventArgs e)
{
    //创建查询命令
    string selectCmd="select * from stuInfo";
    OracleCommand scmd=new OracleCommand(selectCmd,conn);
    //创建修改命令
```

```
string modifyCmd="update stuInfo set name=:name,age=:age,sex=:sex,class
=:class,phone=:phone where ID=:ID";
OracleCommand mcmd=new OracleCommand(modifyCmd,conn);

//向修改数据命令添加参数
mcmd.Parameters.Add(":id",OracleType.VarChar,30,"ID");
mcmd.Parameters.Add(":name",OracleType.VarChar,30,"name");
mcmd.Parameters.Add(":age",OracleType.Number,10,"age");
mcmd.Parameters.Add(":sex",OracleType.VarChar,2,"sex");
mcmd.Parameters.Add(":class",OracleType.VarChar,50,"class");
mcmd.Parameters.Add(":phone",OracleType.VarChar,50,"class");

da.SelectCommand=scmd;
da.UpdateCommand=mcmd;

da.Fill(ds,"stuInfo");

//在数据集中查找要修改的学生
DataRow drEdit=null;

foreach(DataRow dr in ds.Tables["stuInfo"].Rows)
{
    if(dr["ID"].ToString()==strstu)
    {
        drEdit=dr;
        break;
    }
}

//修改信息
drEdit[0]=strstu;
drEdit[1]=txtName.Text;
drEdit[2]=Int32.Parse(txtAge.Text);
drEdit[3]=txtSex.Text;
drEdit[4]=txtClass.Text;
drEdit[5]=txtPhone.Text;

//将数据通过数据适配器更新到数据库
da.Update(ds,"stuInfo");
```

```
        this.Close();
        this.Dispose();
    }
```

4.4 总结

本案例简单地介绍了一个学生信息增、删、改、查的基本功能，同时也简单的展现了 C＃访问数据库的基本操作，包括如何连接数据库、查询数据信息、添加删除信息以及修改信息的操作。在开始动手写代码之前，首先要对系统的功能模块进行分析，然后根据其得出所需的数据库表，创建数据库表，再接着进行程序设计。

第 5 章　图书管理系统

本章的管理系统主要实现的功能是用户注册、会员登录、图书查询及订单查询等。由于 MySQL 体积小、速度快、总体拥有成本低，尤其是开放源码这一特点，所以本章采用 MySQL 数据库，而系统则采用了 JAVA 语言编写。

5.1　环境配置

下面将从设计环境和环境搭建两个部分对本系统的环境配置作简要的介绍。

5.1.1　设计环境

(1)数据库系统：MySQL Workbench 6.0 CE。

(2)系统界面及功能实现平台：Eclipse＋WindowBuilder。

5.1.2　环境搭建

1.JDK 的安装与配置

在 oracle 官网：http://www.oracle.com/technetwork/java/javase/downloads/index.html 下载最新版 JDK，在这里以 Java SE Development Kit 8u11 为例，下载完成后进行配置，如图 5-1 和图 5-2 所示。

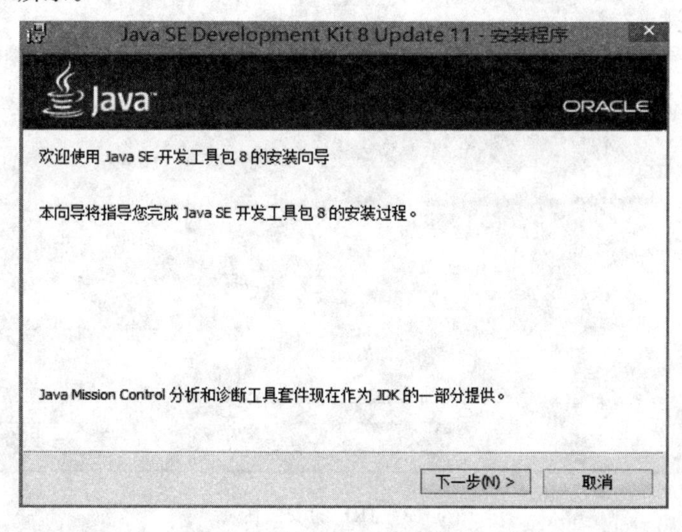

图 5-1　JDK 的下载和安装

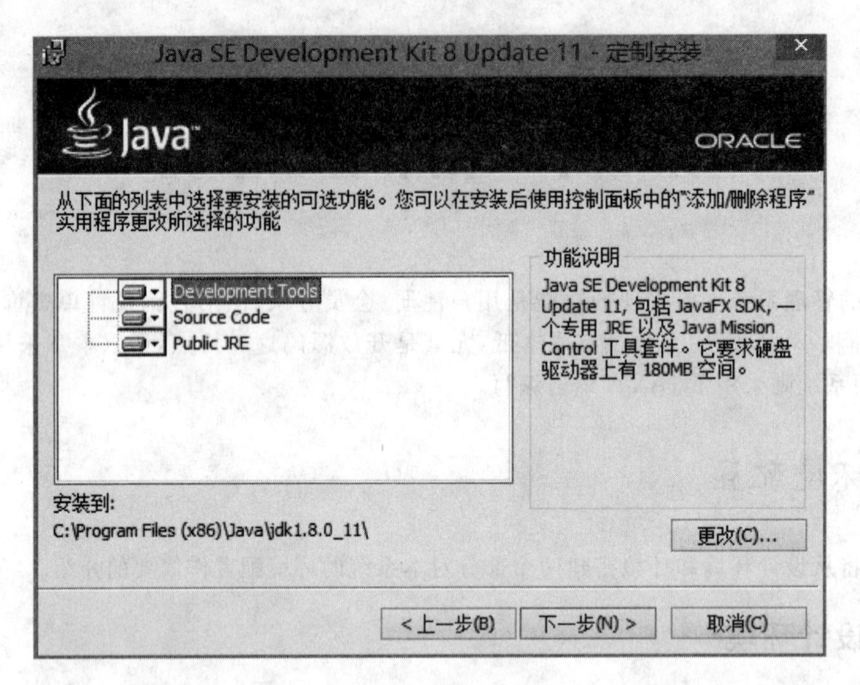

图 5-2　JDK 的安装配置

根据安装向导设置相应的参数，等待一段时间，安装向导提示安装 jre8，可以选择默认安装目录，具体操作如图 5-3、图 5-4 和图 5-5 所示。

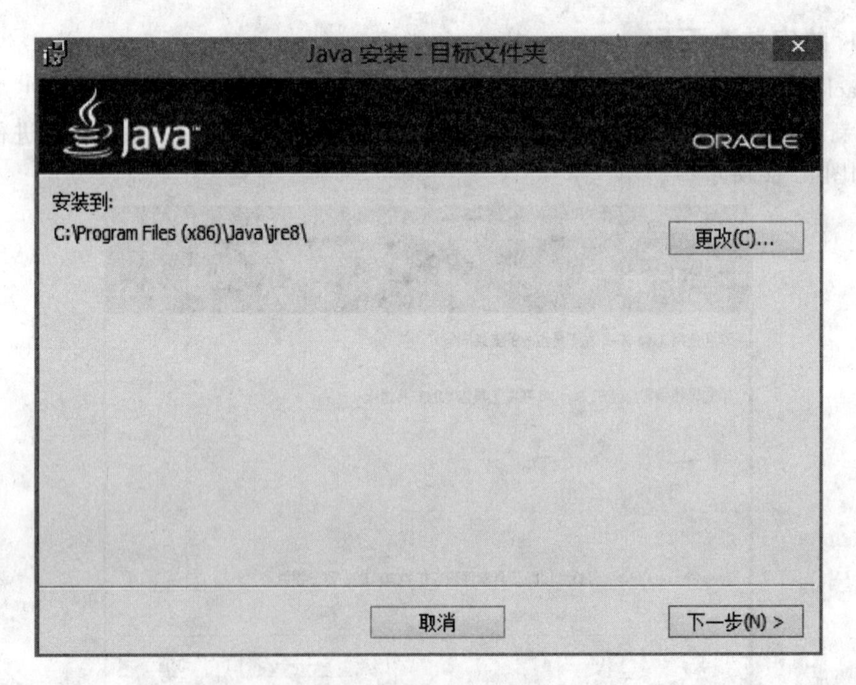

图 5-3　JRE 的安装配置

图 5-4　JRE 的安装

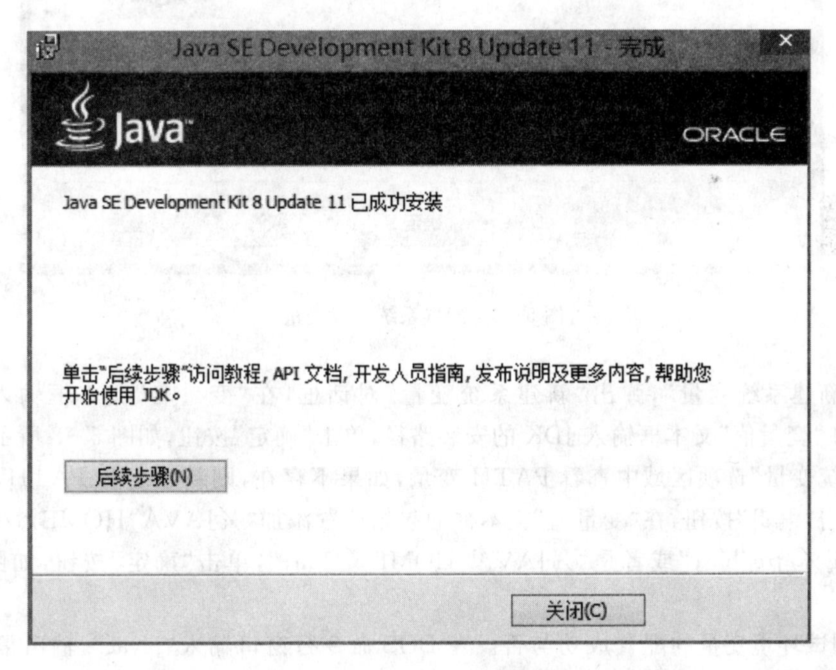

图 5-5　JDK 安装完成

安装完成后,系统提示安装完成,接下来进行系统环境变量的配置。右击"我的电脑"→"属性"→"高级"→"环境变量",如图 5-6 和图 5-7 所示。

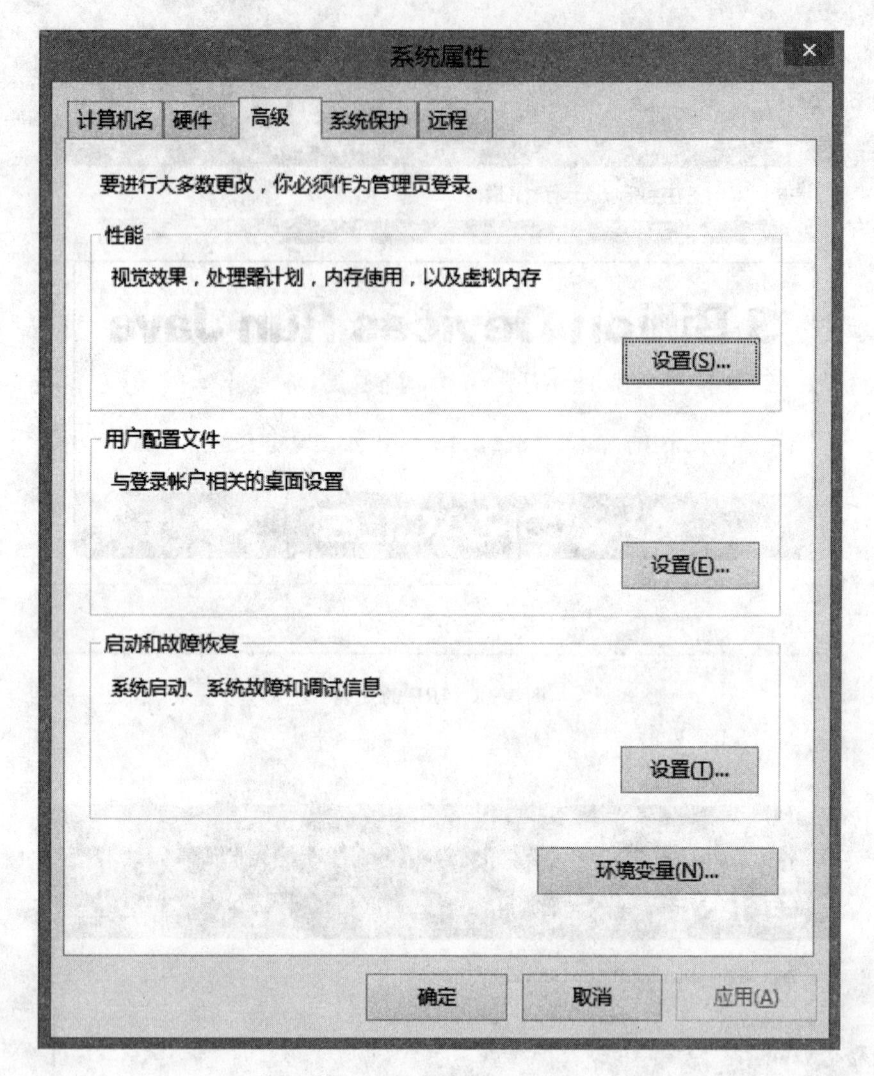

图 5-6　配置系统环境变量

选择“新建系统变量”，弹出“新建系统变量”对话框，在“变量名”文本框输入“JAVA_HOME”，在“变量值”文本框输入 JDK 的安装路径，单击“确定”按钮，如图 5-8 所示。

在“系统变量”选项区域中查看 PATH 变量，如果不存在，则新建变量 PATH，否则选中该变量，单击“编辑”按钮，在“变量值”文本框的起始位置添加“%JAVA_HOME%/bin;%JAVA_HOME%/jre/bin;”或者是“%JAVA_HOME%/bin;”，单击“确定”按钮，如图 5-9 所示。

现在测试环境变量的配置成功与否。在 DOS 命令行窗口输入“javac”，输出帮助信息即为配置正确，如图 5-10 所示。至此，jdk 的环境变量已经配置完毕。

2.WindowBuilder 的安装与配置

下面介绍 WindowBuilder 的安装与配置。打开 Eclipse，选择“Help”→“Install New Software...”，在弹出的窗体中点击“Add”，如图 5-11 所示。

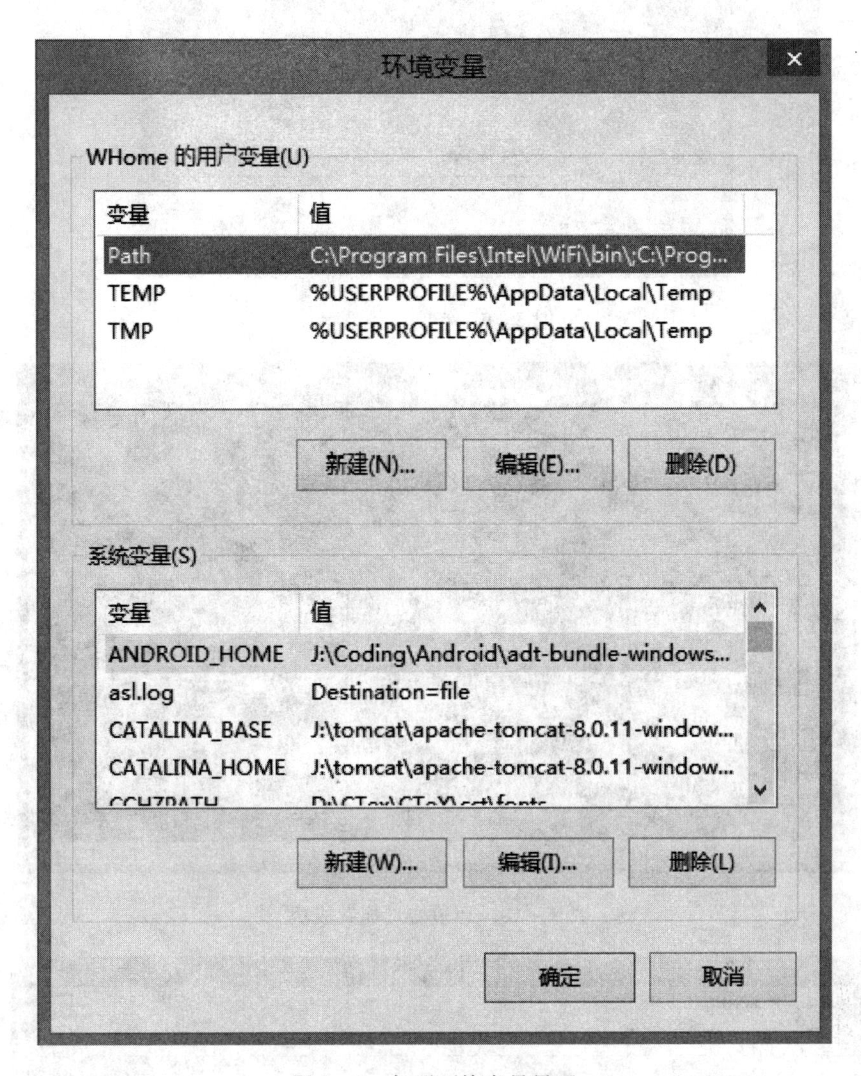

图 5-7　打开环境变量界面

新建系统变量

变量名(N):　JAVA_HOME

变量值(V):　C:\Program Files (x86)\Java\jdk1.8.0_11

确定　取消

图 5-8　新建系统变量

图 5-9　修改系统变量

图 5-10　环境变量配置成功

Install
Available Software
Check the items that you wish to install.
Work with: --All Available Sites--　Add...
Find more software by working with the "Available Software Sites" preferences.
type filter text
Name　Version
Pending...
Select All　Deselect All
Details
Show only the latest versions of available software
Hide items that are already installed
Group items by category
What is already installed?
Show only software applicable to target environment
Contact all update sites during install to find required software
< Back　Next >　Finish　Cancel

图 5-11　WindowBuilder 的安装

在新窗口中，Name 一栏填写要添加的插件名称“WindowBuilder”，Location 填写 WindowBuilder 的更新地址“http://download. eclipse. org/windowbuilder/WB/ integration/4.4/”，确定后选中自己要装的插件，或者直接选“Select All”，然后根据提示执行安装，如图 5 - 12 所示。

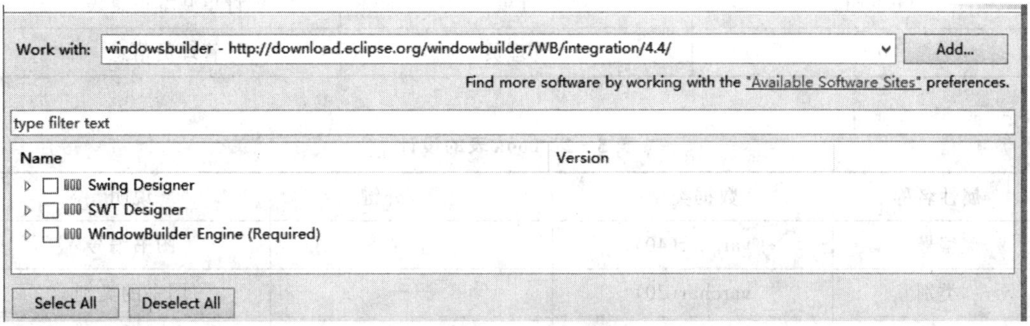

图 5 - 12　WindowBuilder 的安装与配置

下面将从功能要求、系统模块、数据字典以及确定数据库的存储结构几个方面对本系统的设计进行详细的说明。

5.2　系统设计

5.2.1　功能要求设计

图书管理系统实现如下功能：

(1)使得图书信息、消费者信息的管理工作更加清晰、条理化、自动化；

(2)通过用户名和密码登录系统，查询图书的基本信息、消费者信息、订单信息；

(3)设计人机友好界面，功能安排合理，操作使用方便。

5.2.2　系统模块设计

图书管理系统大体可以分为三个模块：一是图书的基本信息模块，包括图书编号、图书种类、图书名称、单价、内容简介等内容；二是购书者信息模块，包括购买编号、姓名、性别、年龄、联系方式及购买书的名称等；三是订单信息模块，包括付款方式、发货手段等。

5.2.3　数据字典

参与系统的实体有：管理员、顾客、图书、订单。

利用 MySQL workbench 建立图书管理数据库，其基本表单及表结构描述如表 5 - 1 所示。其中，Book 基本情况数据表、Buyer 数据表，以及 Orderinfo 数据表的基本结构分别如表 5 - 2、表 5 - 3，以及表 5 - 4 所示。

表 5-1　图书管理数据库的表格设计

数据库表名	关系模式名称	备注信息
Book	图书	图书基本信息表
Buyer	顾客	顾客基本信息表
Orderinfo	订单	订单基本信息表
Admin	管理员	管理员信息

表 5-2　book表的设计

属性名称	数据类型	主键/外键	说明
编号	varchar(40)	主键	图书编号
类别	varchar(20)	——	图书的类别
名称	varchar(20)	——	书籍名称
单价	float	——	图书价格
作者	varchar(20)	——	图书作者
简介	text	——	图书内容简介

表 5-3　buyer表的设计

属性名称	数据类型	主键/外键	说明
用户名	varchar(20)	主键	顾客的用户名
姓名	varchar(10)	——	顾客的姓名
密码	varchar(20)	——	登陆密码
年龄	smallint	——	年龄
性别	bit	——	0表示男,1表示女
联系方式	varchar(15)	——	顾客联系方式
通讯地址	varchar(100)	——	顾客通讯地址

表 5-4　orderinfo 表的设计

属性名称	数据类型	主键/外键	说明
图书编号	varchar(40)	主键、外键	图书的 isbn
用户名	varchar(10)	主键、外键	顾客用户名
订单时间	varchar(20)	主键	订单时间
付款方式	varchar(10)	——	网银支付、货到付款等
发货方式	varchar(10)	——	申通、顺丰、圆通、EMS等

5.2.4 确定数据库的存储结构

1.创建图书基本信息表

```
create table book
(   id varchar(40) primary key,
    bookType varchar(20) not null,
    bookName varchar(20) not null,
    price float not null,
    author varchar(20) not null,
    bookContent text null
)default charset=utf8;
```

2.创建顾客基本信息表

```
create table buyer
(   userID varchar(20) primary key,
    passwd varchar(32) not null,
    name varchar(10) not null,
    sex bit not null,
    age smallint not null,
    tel varchar(20) not null,
    address varchar(100) not null
)default charset=utf8;
```

3. 创建订单基本信息表

```
create table orderInfo
(   bookID varchar(40),
    userID varchar(10),
    order_date varchar(20),
    payType varchar(10) not null,
    deliver varchar(10) not null,
    primary key(bookID,userID,order_date),
    foreign key(bookID) references book(id),
    foreign key(userID) references buyer(userID)
)default charset=utf8;
```

5.3 系统搭建

运行Eclipse,选择"File"→"New"→"Java Project",在工程名上输入"WebLibrary System",如图5-13所示。

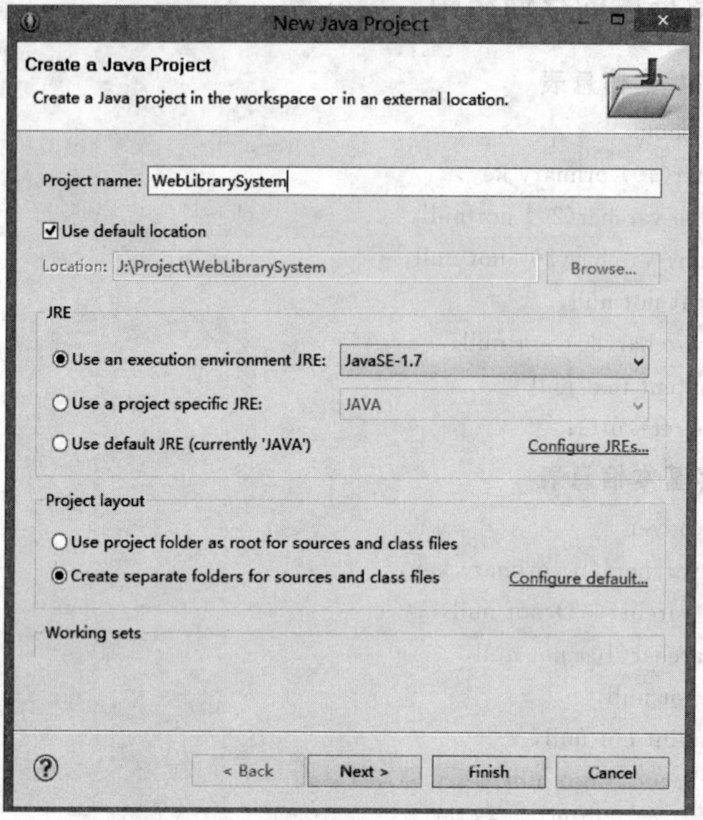

图 5 - 13　新建 Eclipse 工程

单击“Finish”完成创建。然后在项目上右键，选择“New” →“Package”，然后输入包名“com. weblibrary. ui”，如图 5 - 14 所示。

在包上右键，“New” →“Other”，选择“WindowBuilder”，然后选择您需要的组件，如图 5 - 15、图 5 - 16 及图 5 - 17 所示。

创建完毕，就可以拖选您需要的界面，如下图 5 - 18 所示。最终效果如图 5 - 19 所示。

5.4　数据库连接

本节代码位于 com. database. util 包下 LogDatabase 类，首先配置 JDBC 的数据源，驱动为“com. mysql. jdbc. 119Driver”，用户名为“root”，用户密码为“123456”，其连接数据库的代码如下：

```
/ * 获取数据库连接的函数 * /
public void getConnection(){
    //加载 MySql 数据库的驱动
    try{
        Class.forName("com.mysql.jdbc.Driver");
```

图 5 - 14　新建 Package

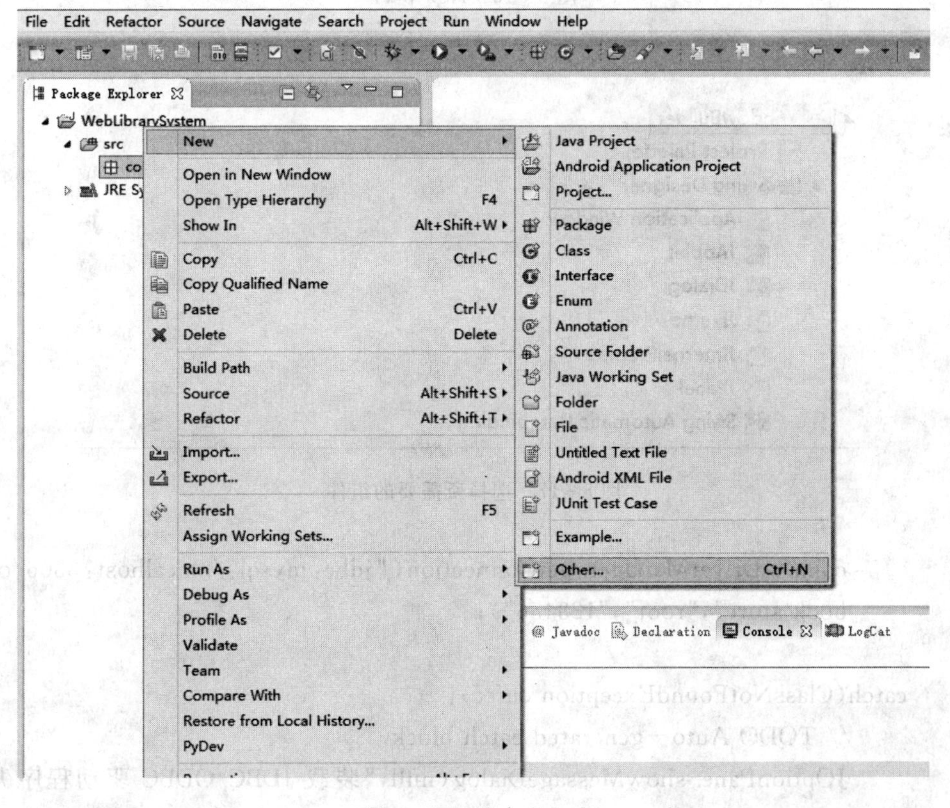

图 5 - 15　选中 Other

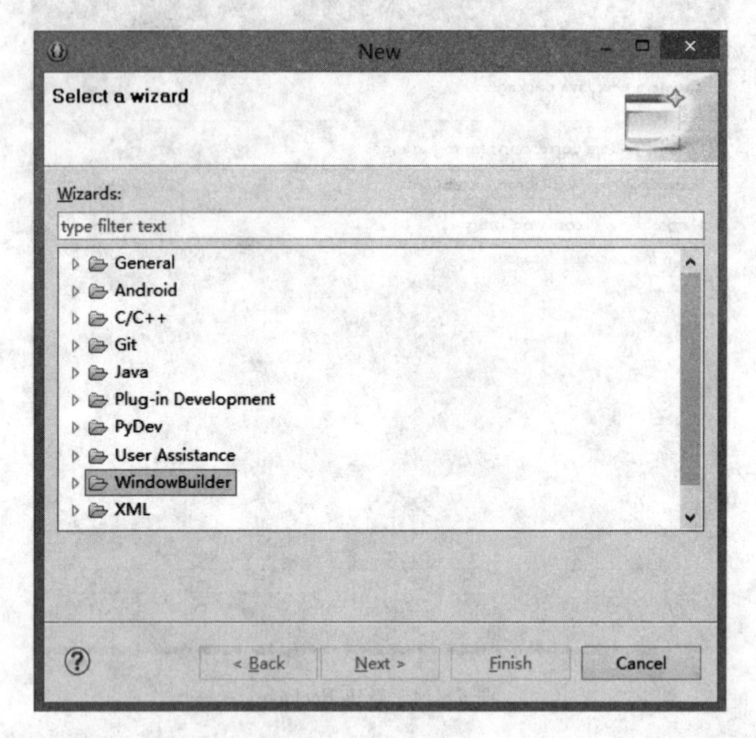

图 5-16　New 窗口

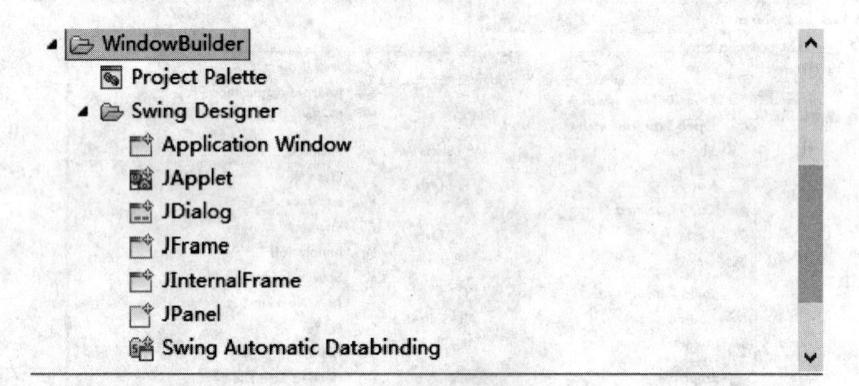

图 5-17　选择所需要的组件

```
    conn=DriverManager.getConnection("jdbc:mysql://localhost:3306/online-
    book store","root","123456");
}
catch(ClassNotFoundException cnfec){
    // TODO Auto-generated catch block
    JOptionPane.showMessageDialog(null,"装载 JDBC/ODBC 驱动程序失败",
    cnfec.getMessage(),JOptionPane.ERROR_MESSAGE);
```

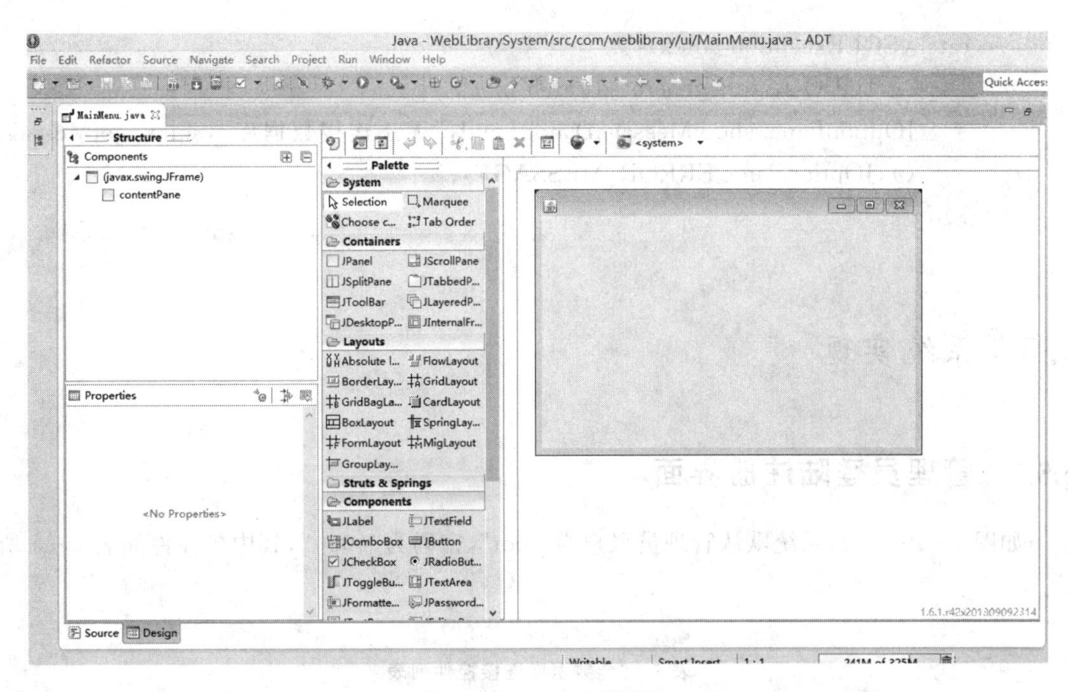

图 5 - 18　创建界面 UI

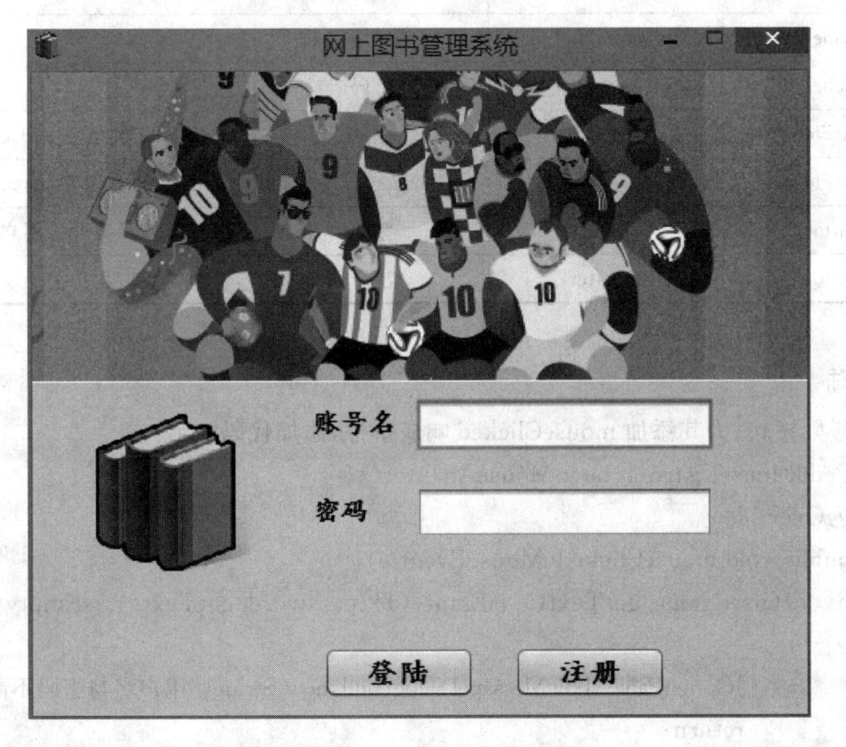

图 5 - 19　系统登陆界面

```
    }
    catch(SQLException sqlex){
        // TODO Auto-generated catch block
        JOptionPane.showMessageDialog(null,"无法连接数据库",sqlex.getMessage
        (),JOptionPane.ERROR_MESSAGE);
    }
}
```

5.5 系统实现

5.5.1 管理员登陆注册界面

如图 5-19 所示,系统默认管理员账户为"root",密码为"0000",其中各控件如表 5-5 所示。

表 5-5　数据库连接控件列表

控件类型	ID	标题	添加变量或者函数
JLabel	lblNewLabel		
JLabel	lblNewLabel_1	账号名	
JLabel	lblNewLabel_2	密码	
JTextField	userName		String 类型变量 userName
JTextField	password		String 类型变量 password
JButton	login	登陆	响应函数验证用户信息
JButton	register	注册	相应用户注册事件

1.登陆

双击登陆按钮,为其添加 mouseClicked 响应事件,添加代码如下:

```
login.addMouseListener(new MouseAdapter(){
    @Override
    public void mouseClicked(MouseEvent e){
        if(userName.getText().isEmpty()||password.getText().isEmpty())
        {
            JOptionPane.showMessageDialog(null,new String("用户名与密码不能为空"));
            return;
        }
        boolean flag=logVerify(true);
```

```
            if(flag==false){
                JOptionPane.showMessageDialog(null,"用户名或密码错误!");
            }
            else{
                // 登陆成功
                if(flag){
                    AdminView web=new AdminView(MainUI.this.conn);
                    MainUI.this.frame.dispose();
                    web.setVisible(true);
                } else{
                    UserView user=new UserView(conn,userName.getText());
                    user.setDefaultCloseOperation(JDialog.DISPOSE_ON_CLOSE);
                    MainUI.this.frame.dispose();
                    user.setVisible(true);
                }
                try{
                    stat.close();
                } catch(SQLException e1){
                    // TODO Auto-generated catch block
                    e1.printStackTrace();
                }
            }
        }
});
```

其中验证用户操作函数 logVerify 的代码如下：

```
private boolean logVerify(boolean mode){
    // 管理员登陆
    String sql1="select * from admin where Admin='"
                +this.userName.getText()+"' AND passwd='"
                +Md5Encoder.getMD5(this.password.getPassword().toString())
                +"';";
    String sql=null;
    sql=sql1;
    try{
        ResultSet rs=stat.executeQuery(sql);
        rs.last();
        int count=rs.getRow();

        if(count >=0)
```

```
            return true;
        else
            return false;
        } catch(SQLException e){
            e.printStackTrace();
            return false;
    }
}
```

2.注册

双击注册按钮,为其添加 mouseClicked 响应事件,添加代码如下:

```
register.addMouseListener(new MouseAdapter(){
    @Override
    public void mouseClicked(MouseEvent e){
        reg=new UserReg(frame,conn);
        reg.setVisible(true);
    }
});
```

该代码跳转到 UserReg 类,具体操作也是由 WindowBuilder 拖放形成,在登陆主界面点击“注册”按钮即可跳转到用户注册界面,如图 5-20 所示。当信息输入完整后,单击“确定”按钮即可完成注册,如图 5-21 所示。图 5-20 中的控件如表 5-6 所示。

图 5-20　用户注册界面

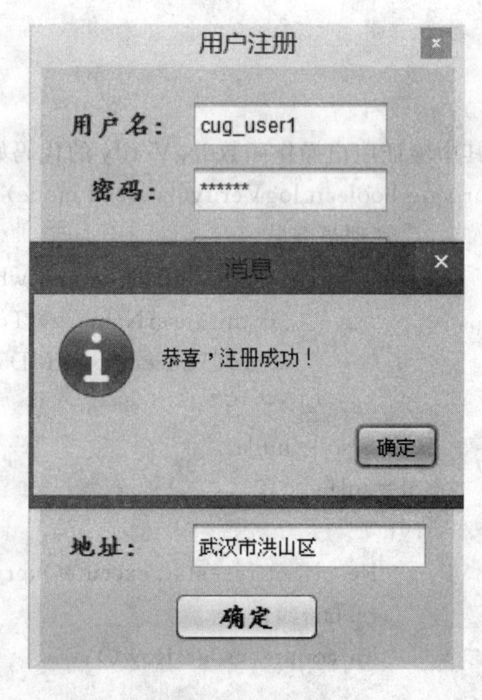

图 5-21　注册成功

表 5-6　用户注册界面控件列表

控件类型	ID	标题	添加变量或者函数
JLabel	label_4	用户名	
JLabel	label_5	密码	
JLabel	label	姓名	
JLabel	label_1	年龄	
JLabel	label_2	性别	
JLabel	label_3	联系方式	
JLabel	label_6	地址	
JTextField	userID		String 类型变量 userID
JTextField	passwd		String 类型变量 passwd
JTextField	userName		String 类型变量 userName
JTextField	age		String 类型变量 age
JTextField	sex_boy/girl		String 类型变量 sex_boy/girl
JTextField	tel		String 类型变量 tel
JButton	button	确定	响应注册用户的函数

该界面对应源文件中的 UserReg 类，其中注册按钮的监听事件代码如下：

```
button.addMouseListener(new MouseAdapter(){
    @Override
    public void mouseClicked(MouseEvent e){
        if(userID.getText().isEmpty()||
            userName.getText().isEmpty()||
            tel.getText().isEmpty()||
            age.getText().isEmpty()||
            passwd.getText().isEmpty()||
            address.getText().isEmpty()){
            JOptionPane.showMessageDialog(null,"信息不完整");
            return;
        }

        if(!(sex_boy.isSelected()|| sex_girl.isSelected())){
            JOptionPane.showMessageDialog(null,"请选择性别!");
            return;
        }
        String sql="select * from buyer where userID='"+userID.getText()+"';";
```

```
try{
    ResultSet rs=UserReg.this.conn.createStatement().executeQuery(sql);
    rs.last();
    if(rs.getRow() > 0){
        JOptionPane.showMessageDialog(null,"用户名已存在");
        return;
    }
} catch(SQLException e2){
    // TODO Auto-generated catch block
    e2.printStackTrace();
}
try{
    stmt.setObject(1,userID.getText());
    stmt.setObject(2,Md5Encoder.getMD5(new String(passwd.getPassword())));
    stmt.setObject(3,userName.getText());
    if(sex_boy.isSelected()){
        stmt.setObject(4,true);
    }else{
        stmt.setObject(4,false);
    }
    stmt.setObject(5,Integer.parseInt(age.getText()));
    stmt.setObject(6,tel.getText());
    stmt.setObject(7,address.getText());
} catch(SQLException e1){
    // TODO Auto-generated catch block
    e1.printStackTrace();
}

boolean flag=true;
try{
    stmt.execute();
} catch(SQLException e1){
    // TODO Auto-generated catch block
    flag=false;
    e1.printStackTrace();
}
if(flag){
    JOptionPane.showMessageDialog(null,"恭喜,注册成功!");
    UserReg.this.dispose();
```

```
            UserReg. this. father. setVisible(true);
        }else{
            JOptionPane. showMessageDialog(null,"注册失败");
        }
    }
});
```

5.5.2 图书管理界面

图书管理模块是管理员登录后的系统主界面，在该界面可完成图书管理、用户管理和订单管理等功能，其设计主界面如图5-22所示。

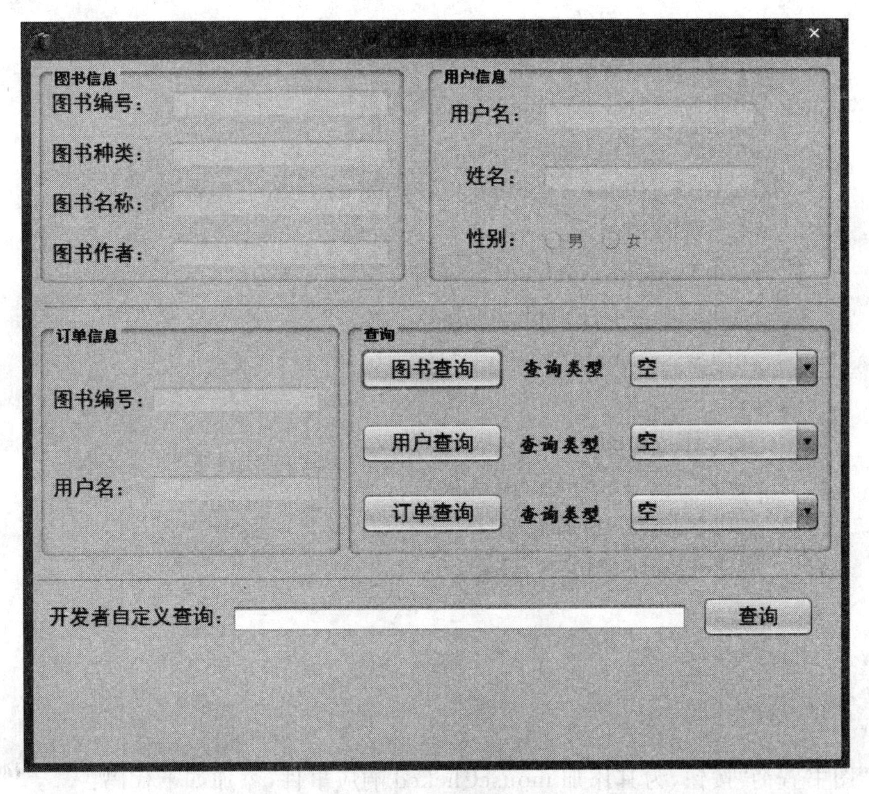

图5-22 图书管理界面

该界面对应源文件中的AdminView类，主要实现了图书查询、用户查询、订单查询和自定义查询四个功能，各功能的具体实现如下。

1.图书查询

选择图书查询部分的下拉列表控件，为其添加itemStateChanged响应事件，添加如下代码：

```
bookFilter. addItemListener(new ItemListener(){
    public void itemStateChanged(ItemEvent e){
```

```
        if(e.getItem().toString().equals("按图书编号")){
            id.setEnabled(true);
            bookType.setEnabled(false);
            bookName.setEnabled(false);
            author.setEnabled(false);
        } else if(e.getItem().toString().equals("按图书种类")){
            id.setEnabled(false);
            bookType.setEnabled(true);
            bookName.setEnabled(false);
            author.setEnabled(false);
        } else if(e.getItem().toString().equals("按图书名")){
            id.setEnabled(false);
            bookType.setEnabled(false);
            bookName.setEnabled(true);
            author.setEnabled(false);
        } else if(e.getItem().toString().equals("按图书作者")){
            id.setEnabled(false);
            bookType.setEnabled(false);
            bookName.setEnabled(false);
            author.setEnabled(true);
        } else{
            id.setEnabled(false);
            bookType.setEnabled(false);
            bookName.setEnabled(false);
            author.setEnabled(false);
        }
    }
});
```

点击"图书查询"按钮，为其添加 mouseClicked 响应事件，添加如下代码：

```
scanbook.addMouseListener(new MouseAdapter(){
    @Override
    public void mouseClicked(MouseEvent e){
        String action=bookFilter.getSelectedItem().toString();
        if(action.equals("按图书编号")){
            sql="select * from book where id='"+id.getText()+"'";
        } else if(action.equals("按图书种类")){
            sql="select * from book where bookType='"+bookType.getText()+"'";
        } else if(action.equals("按图书名")){
```

```
            sql="select * from book where bookName='"+bookName.getText()+"'";
        } else if(action.equals("按图书作者")){
            sql="select * from books where author='"+author.getText()+"'";
        } else{
            sql="select * from book";
        }
        new InfoWindow(AdminView.this.conn,sql).setVisible(true);
    }
});
```

查询结果如图 5-23 和图 5-24 所示。

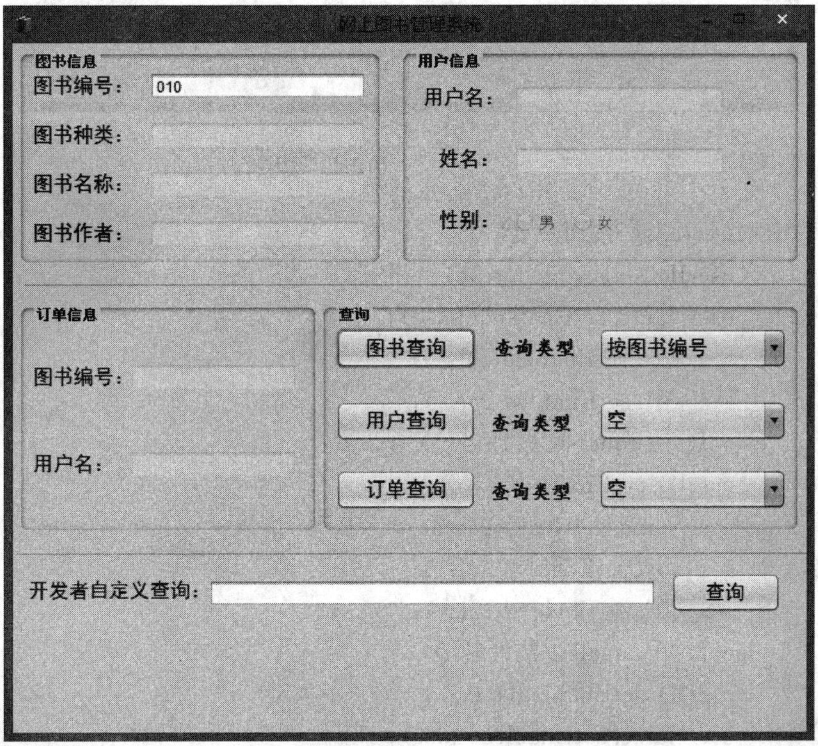

图 5-23　按照图书编号查询

2.用户查询

选择用户查询部分的下拉列表控件，为其添加 itemStateChanged 响应事件，添加如下代码：

```
userFilter.addItemListener(new ItemListener(){
    @Override
    public void itemStateChanged(ItemEvent e){
        String sel=e.getItem().toString();
```

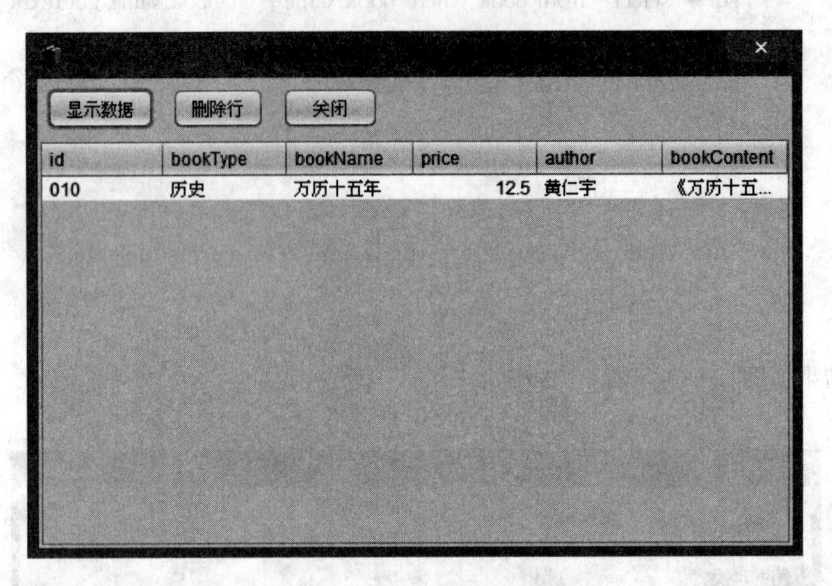

图 5-24　按图书编号查询结果

```
            if(sel.equals("按用户名")){
                userID.setEnabled(true);
                userName.setEnabled(false);
                sex_boy.setEnabled(false);
                sex_girl.setEnabled(false);
            } else if(sel.equals("按姓名")){
                userID.setEnabled(false);
                userName.setEnabled(true);
                sex_boy.setEnabled(false);
                sex_girl.setEnabled(false);
            } else if(sel.equals("按性别")){
                userID.setEnabled(false);
                userName.setEnabled(false);
                sex_boy.setEnabled(true);
                sex_girl.setEnabled(true);
            } else{
                userID.setEnabled(false);
                userName.setEnabled(false);
                sex_boy.setEnabled(false);
                sex_girl.setEnabled(false);
            }
        }
    });
```

点击“用户查询”按钮，为其添加 mouseClicked 响应事件，添加如下代码：

```
custominfo. addMouseListener(new MouseAdapter(){
    @Override
    public void mouseClicked(MouseEvent e){
        String action=userFilter. getSelectedItem(). toString();
        if(action. equals("按用户名")){
            sql="select * from buyer where userID='"+userID. getText()+"'";
        } else if(action. equals("按姓名")){
            sql="select * from buyer where userName='"+userName. getText()+"'";
        } else if(action. equals("按性别")){
            sql="select * from buyer where sex='";
            if(sex_boy. isSelected()){
                sql+="1'";
            } else{
                sql+="0'";
            }
        } else{
            sql="select * from buyer";
        }
        new InfoWindow(AdminView. this. conn,sql). setVisible(true);
    }
});
```

3.订单查询

选择订单查询部分的下拉列表控件，为其添加 itemStateChanged 响应事件，添加如下代码：

```
orderFilter. addItemListener(new ItemListener(){
    public void itemStateChanged(ItemEvent e){
        if(e. getItem(). toString(). equals("按图书编号")){
            bookID. setEnabled(true);
            userId. setEnabled(false);
        } else if(e. getItem(). toString(). equals("按用户名")){
            bookID. setEnabled(false);
            userId. setEnabled(true);
        } else{
            bookID. setEnabled(false);
            userId. setEnabled(false);
        }
```

```
    }
});
```

点击“订单查询”按钮,为其添加 mouseClicked 响应事件,添加如下代码:

```
orderinfo.addMouseListener(new MouseAdapter(){
    @Override
    public void mouseClicked(MouseEvent e){
        String action=orderFilter.getSelectedItem().toString();
        if(action.equals("按图书编号")){
            sql="select * from orderinfo where bookID='"+bookID.getText()+"'";
        }else if(action.equals("按用户名")){
            sql="select * from orderinfo where userID='"+userId.getText()+"'";
        }else{
            sql="select * from orderinfo";
        }
        new InfoWindow(AdminView.this.conn,sql).setVisible(true);;
    }
});
```

4.自定义查询

选择开发者自定义查询按钮,为其添加 ActionListener 响应事件,添加如下代码:

```
btnNewButton.addActionListener(new ActionListener(){
    public void actionPerformed(ActionEvent e){
        sql=txtsql.getText();
        new InfoWindow(AdminView.this.conn,sql).setVisible(true);
    }
});
```

其中类 InfoWindow 为显示数据的窗体,其构造函数为:

```
public InfoWindow(Connection conn,String sql)
{
    this.conn=conn;
    this.sql=sql;
    initComponents();
    this.setLocationRelativeTo(null);
}
```

initComponents()为初始化显示数据的窗体,实现了一个 JTable 显示数据库中读取的数据,同样的窗体可由 WindowBuilder 进行拖放实现。

```
private void initComponents(){
    cmdConnection=new javax.swing.JButton();
    jScrollPane1=new javax.swing.JScrollPane();
```

```
tabData=new javax.swing.JTable();
cmdDelRow=new javax.swing.JButton();
cmdClose=new javax.swing.JButton();

setResizable(true);
setBounds(100,100,600,500);
setIconImage(Toolkit.getDefaultToolkit().getImage("res/library.png"));
setDefaultCloseOperation(JFrame.DISPOSE_ON_CLOSE);
setTitle("数据库大作业——网上图书管理系统");

cmdConnection.setText("显示数据");
cmdConnection.addActionListener(new java.awt.event.ActionListener(){
    public void actionPerformed(java.awt.event.ActionEvent evt){
        cmdConnectionActionPerformed(evt);
    }
});

tabData.setModel(new javax.swing.table.DefaultTableModel( new Object [][]{
    {null,null,null,null},
    {null,null,null,null},
    {null,null,null,null},
    {null,null,null,null}
},
new String []{
    "Title 1","Title 2","Title 3","Title 4"
}
));

jScrollPane1.setViewportView(tabData);
cmdDelRow.setText("删除行");
cmdDelRow.addActionListener(new java.awt.event.ActionListener(){
    public void actionPerformed(java.awt.event.ActionEvent evt){
        cmdDelRowActionPerformed(evt);
    }
});
cmdClose.setText("关闭");
cmdClose.addActionListener(new java.awt.event.ActionListener(){
    public void actionPerformed(java.awt.event.ActionEvent evt){
        cmdCloseActionPerformed(evt);
```

```
        }
    });

    javax.swing.GroupLayout layout=new javax.swing.GroupLayout(getContentPane());
    layout.setHorizontalGroup(
        layout.createParallelGroup(Alignment.LEADING)
        .addGroup(layout.createSequentialGroup()
        .addGap(6)
        .addComponent(cmdConnection)
        .addPreferredGap(ComponentPlacement.UNRELATED)
        .addComponent(cmdDelRow)
        .addPreferredGap(ComponentPlacement.UNRELATED)
        .addComponent(cmdClose,GroupLayout.PREFERRED_SIZE,66,GroupLay-
        out.PREFERRED_SIZE)
        .addContainerGap(276,Short.MAX_VALUE))
          .addComponent(jScrollPane1,Alignment.TRAILING,GroupLayout.DE-
          FAULT_SIZE,518,Short.MAX_VALUE)
    );
    layout.setVerticalGroup(
        layout.createParallelGroup(Alignment.LEADING)
        .addGroup(layout.createSequentialGroup()
        .addContainerGap()
        .addGroup(layout.createParallelGroup(Alignment.BASELINE)
        .addComponent(cmdConnection)
        .addComponent(cmdDelRow)
        .addComponent(cmdClose))
        .addPreferredGap(ComponentPlacement.RELATED)
        .addComponent(jScrollPane1,GroupLayout.DEFAULT_SIZE,272,Short.
        MAX_VALUE))
    );
    getContentPane().setLayout(layout);
    pack();
}
```

5.6 总结

本案例采用JDBC技术连接数据库，结合JAVA－GUI设计了图书管理系统，介绍了JDBC连接数据库的步骤和基本图形化界面的使用。通过本案例，进一步了解了数据库设计、需求分析、概念结构设计等内容，掌握了使用MySQL的基本使用和数据库管理技术。

第 6 章　企业信息管理系统

随着社会的发展，信息作为人与人交流的载体越来越重要，这就必然导致对信息管理的要求变高。在一个企业中，职工的信息是这个企业的基本信息，对企业职工信息的管理是很重要的。本系统要实现的是企业职工信息的管理，包括信息查询(所有查询，按职工号查询，按姓名查询，按部门查询等)，添加信息，修改信息和删除信息。在开发过程中将重点介绍 JSE 数据库编程的基本方法，其中主要用到 JDBC 数据库开发技术，数据库采用 Oracle 12c。

6.1　系统设计

6.1.1　整体结构

系统结构设计是对整个企业职工管理系统的整体结构进行设计，从需求分析中可以对系统结构有个整体认识。从用户的角度来说，因为是一个简单的管理系统，所以只设计了一个用户，既实行管理员身份又是普通用户身份；从功能上来看，系统主要有对信息进行增加、删除、修改及查询的功能，另外还有用户登录、系统退出以及其他一些美化等。通过分析可以得到系统基本结构的框架图，如图 6 - 1 所示。

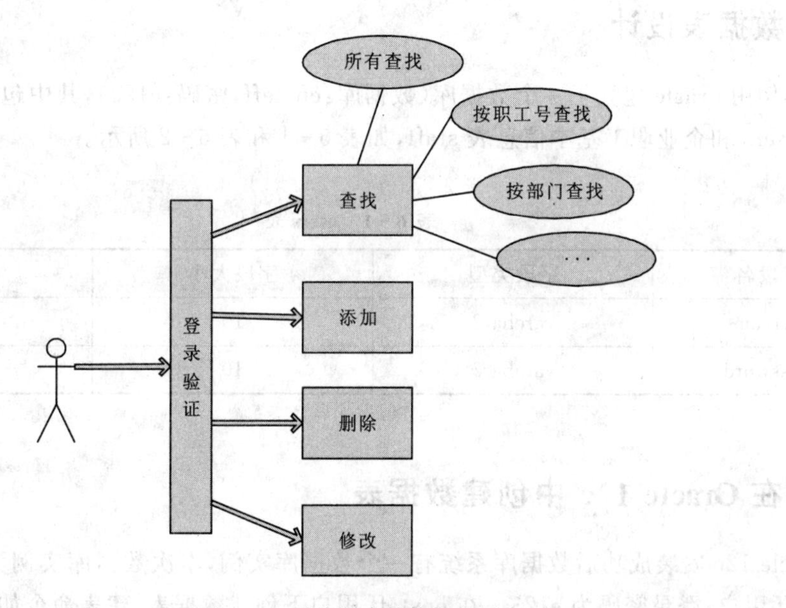

图 6 - 1　系统基本结构框架图

6.1.2 功能模块

1. 查找模块

查找实现对企业职工信息的查找，并返回结果，可以分为所有查找和条件查找（根据需求自行设计）。

2. 添加模块

添加实现对企业职工信息的添加，根据需求决定添加什么信息。本系统主要对职工的职工号、姓名、年龄、性别、籍贯、部门以及工资进行添加。

3. 删除模块

删除实现对企业职工信息的删除，考虑怎么删除、是否备份删除的数据等，本系统实行的是完全删除，没有备份数据。

4. 修改模块

修改实现对企业职工信息的修改，我们应该怎么修改、哪些能修改以及哪些不能修改，例如职工号最好就不变，不应该修改。

5. 登录模块

实现用户验证登录系统，对用户输入的用户名和密码进行验证，如果用户名和密码正确，用户进入系统，否则系统会提示用户所输入的用户名和密码不正确。用户可以重新输入。

6.2 数据库设计

6.2.1 数据表设计

本案例用 oracle 建立了一个数据库（数据库：enstaff，密码：e123），其中包含了两个表——用户表 users 和企业职工基本信息表 staff，如表 6 - 1 和表 6 - 2 所示。

表 6 - 1　users 表

字段名	字段类型	字段大小	说明
username	varchar2	10	用户名
password	varchar2	10	密码

6.2.2 在 Oracle 12c 中创建数据表

Oracle 12c 安装成功后数据库系统有一个数据库实例，本次数据库实例为 myorc，创建一个 enstaff 用户，登录密码为 e123。在 enstaff 用户下创建数据表，建表命令如下：

表 6-2　staff 表

字段名	字段类型	字段大小	说明
Id	varchar2	30	职工号
name	varchar2	30	姓名(非空)
age	number		年龄>0
sex	varchar2	2	性别(男,女)
hometown	varchar2	50	籍贯
dept	varchar2	50	部门
salary	number		工资

1. 职工基本信息表

```
create table staff(
    Id varchar2(30) primary key,
    name varchar2(30) not null,
    age number check(age>0),
    sex varchar2(2) check(sex in('男','女')),
    hometown varchar2(50),
    dept varchar2(50),
    salary number
);
```

2. 系统用户表

```
create table users(
    username varchar2(10),
    password varchar2(10)
);
```

6.3　系统实现

6.3.1　界面设计

利用 swing 组件和 JFrame 的一些知识,设计出登录、主界面及添加修改等系统界面,本章是用代码生成的所有界面。

1. 登录界面

登录界面是用户进入系统的界面,包括输入用户名、密码和登录按钮以及取消按钮,如图 6-2 所示。

登录界面的代码如下(其中省略号部分代码参看 6.3.2):

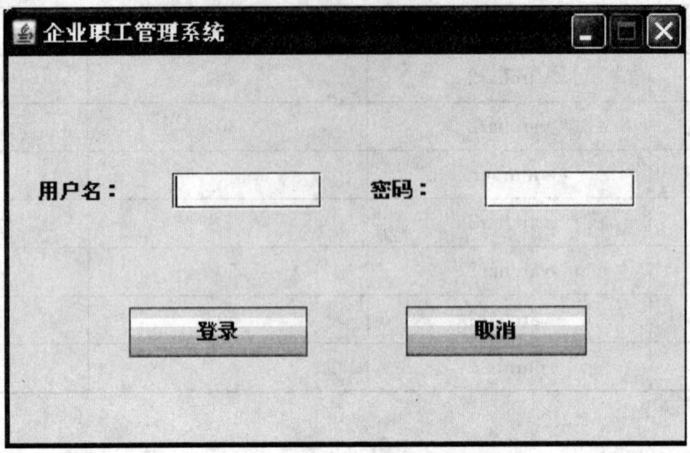

图 6-2 登录界面

```
import java.awt.*;
import java.awt.event.*;
import java.sql.*;
import java.util.*;
import javax.swing.*;

public class Login extends JFrame
{
    JFrame jf=new JFrame();
    //定义控件
    JLabel jluser,jlpassword;
    JTextField tfuser;
    JPasswordField tfpassword;
    JButton jblog,jbcancel;
    public Login()
    {
        JPanel jp=new JPanel(new BorderLayout());
        JPanel jp1=new JPanel();
        JPanel jp2=new JPanel();

        jluser=new JLabel("用户名:");
        jlpassword=new JLabel("密码:");
        tfuser=new JTextField(8);
        tfpassword=new JPasswordField(8);
        tfpassword.setEchoChar('*');
```

```
jblog=new JButton("登录");
jblog.setPreferredSize(new Dimension(110,30));//按钮大小
jbcancel=new JButton("取消");
jbcancel.setPreferredSize(new Dimension(110,30));

//按钮监听
ActionListener log=new Presslog();
ActionListener cancel=new PressCancel();
jblog.addActionListener(log);
jbcancel.addActionListener(cancel);

//控件布局
jp1.setLayout(new FlowLayout(FlowLayout.RIGHT,30,70));
jp1.add(jluser);
jp1.add(tfuser);
jp1.add(jlpassword);
jp1.add(tfpassword);
jp2.setLayout(new FlowLayout(FlowLayout.RIGHT,60,50));
jp2.add(jblog);
jp2.add(jbcancel);
jp.add(jp1,BorderLayout.CENTER);
jp.add(jp2,BorderLayout.SOUTH);
jf.add(jp);

//使登陆界面居中
Toolkit kit=Toolkit.getDefaultToolkit();
Dimension screenSize=kit.getScreenSize();
int width=screenSize.width;
int height=screenSize.height;
jf.setSize(width/4,height/4);//界面大小
int wwidth=jf.getWidth();
int hheight=jf.getHeight();
jf.setLocation(width/2-wwidth/2,height/2-hheight/2);//界面位置

//设置登陆界面
jf.setTitle("企业职工管理系统");//标题
jf.setResizable(false);//让最大化变灰,不能调整大小
jf.setVisible(true);//让界面可见
jf.setDefaultCloseOperation(JFrame.EXIT_ON_CLOSE);//当关闭窗口时 ja-
```

```
    va 也退出
    }
    //监听类
    class Presslog implements ActionListener
    {
        public void actionPerformed(ActionEvent e)
        {
            //确定就判断用户名密码是否正确
            ……
        }
    }
    class PressCancel implements ActionListener
    {
        public void actionPerformed(ActionEvent e)
        {
            jf.dispose();//取消就关闭窗口
        }
    }
}
```

2. 主界面

主界面是企业职工信息管理系统的主框架,有整个系统功能的实现及入口,包括查找、添加、删除和修改,如图 6-3 所示。

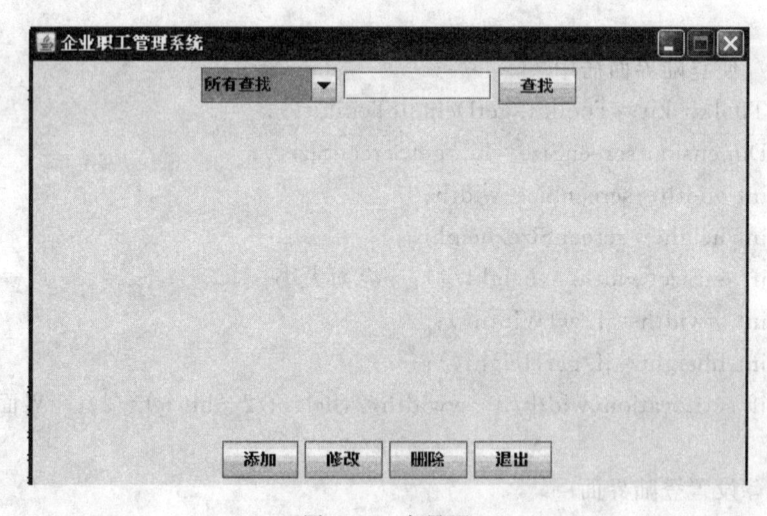

图 6-3　主界面

主界面代码如下:

```
import java.awt.*;
```

```
import java.awt.event.*;
import java.sql.*;
import javax.swing.*;

public class MainFrame extends JFrame implements ActionListener{
    //定义控件
    JPanel jp1,jp2;
    JComboBox jcz;
    JButton jb1,jb2,jb3,jb4,jb5;
    JTable jt;
    JScrollPane jsp;
    JTextField jtf;
    JFrame jf=new JFrame();
    TableModel tm;
    public MainFrame()
    {
        //实例化控件
        jp1=new JPanel();
        jp2=new JPanel();
        String []select={"所有查找","按职工号查找","按姓名查找","按部门查找"};
        jcz=new JComboBox(select);
        jtf=new JTextField(10);
        jb1=new JButton("查找");
        jb2=new JButton("添加");
        jb3=new JButton("修改");
        jb4=new JButton("删除");
        jb5=new JButton("退出");

        //在 table 中加入数据表
        ……

        //把控件加入到面板
        jp1.add(jcz);
        jp1.add(jtf);
        jp1.add(jb1);
        jp2.add(jb2);
        jp2.add(jb3);
        jp2.add(jb4);
        jp2.add(jb5);
```

```
        jf.add(jp1,"North");

        //把 table 放入面板中间
        ......

        jf.add(jp2,"South");
        //注册监听器
        jb1.addActionListener(this);
        jb2.addActionListener(this);
        jb3.addActionListener(this);
        jb4.addActionListener(this);
        jb5.addActionListener(this);
        //设置系统界面
        Toolkit kit=Toolkit.getDefaultToolkit();
        Dimension screenSize=kit.getScreenSize();
        int width=screenSize.width;
        int height=screenSize.height;
        jf.setSize(width/3,height/3);
        int wwidth=jf.getWidth();
        int hheight=jf.getHeight();
        jf.setLocation(width/2-wwidth/2,height/2-hheight/2);
        jf.setTitle("企业职工管理系统");
        jf.setResizable(false);
        jf.setVisible(true);
        jf.setDefaultCloseOperation(JFrame.EXIT_ON_CLOSE);
    }
    //对按钮进行监听
    public void actionPerformed(ActionEvent arg0)
    {
        if(arg0.getSource()==jb1)
        {
            //实现查找
            ......
        }
        //添加
        else if(arg0.getSource()==jb2)
        {
            //实现添加
            ......
```

```
        }
        //修改
        else if(arg0.getSource()==jb3)
        {
            //实现修改
            ……
        }
        //删除
        else if(arg0.getSource()==jb4)
        {
            //实现删除
            ……
        }
        //退出系统
        else if(arg0.getSource()==jb5)
        {
            System.exit(0);
        }
    }
}
```

3. 添加界面

添加界面是实现职工信息添加的平台，包含了职工所有基本信息的输入和添加（修改界面和添加界面基本系统，只不过把标题改为修改职工信息即可），如图6-4所示。

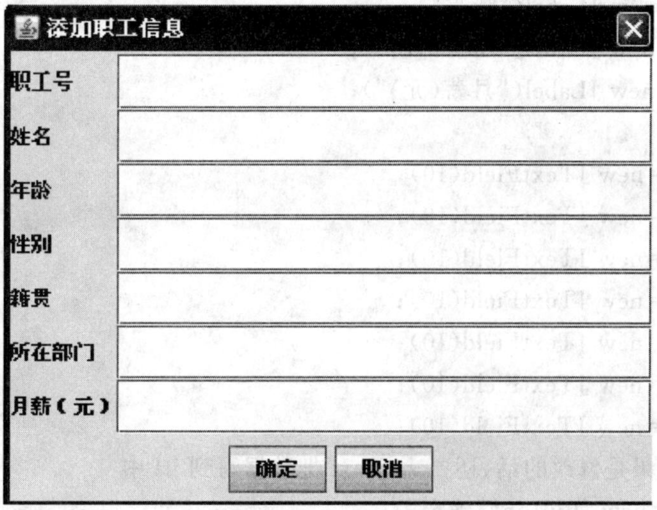

图6-4 添加（修改与之相同）

添加(修改)界面代码如下：

```
import java.awt.*;
import java.awt.event.*;
import java.sql.*;
import java.util.*;
import javax.swing.*;

public class AddDataDlg extends JDialog implements ActionListener{
    //定义组件
    JLabel jl1,jl2,jl3,jl4,jl5,jl6,jl7;
    JTextField jtf1,jtf2,jtf3,jtf4,jtf5,jtf6,jtf7;
    JButton jb1,jb2;
    JPanel jp1,jp2,jp3;

    //三个参数分别是父窗口、窗口标题、窗口模型(模态或非模态)
    public AddDataDlg(Frame frame,String title,boolean model)
    {
        //调用父类构造方法构造对话框
        super(frame,title,model);

        jl1=new JLabel("职工号");
        jl2=new JLabel("姓名");
        jl3=new JLabel("年龄");
        jl4=new JLabel("性别");
        jl5=new JLabel("籍贯");
        jl6=new JLabel("所在部门");
        jl7=new JLabel("月薪(元)");

        jtf1=new JTextField(10);
        jtf2=new JTextField(10);
        jtf3=new JTextField(10);
        jtf4=new JTextField(10);
        jtf5=new JTextField(10);
        jtf6=new JTextField(10);
        jtf7=new JTextField(10);
        //如果是修改的话,还要setText把数据写到jtf中
        jb1=new JButton("确定");
        jb2=new JButton("取消");
        //按钮注册监听
```

```
		jb1.addActionListener(this);
		jb2.addActionListener(this);

		jp1=new JPanel();
		jp1.setLayout(new GridLayout(7,1));
		jp2=new JPanel();
		jp2.setLayout(new GridLayout(7,1));
		jp3=new JPanel();
		//添加组件
		jp1.add(jl1);
		jp1.add(jl2);
		jp1.add(jl3);
		jp1.add(jl4);
		jp1.add(jl5);
		jp1.add(jl6);
		jp1.add(jl7);

		jp2.add(jtf1);
		jp2.add(jtf2);
		jp2.add(jtf3);
		jp2.add(jtf4);
		jp2.add(jtf5);
		jp2.add(jtf6);
		jp2.add(jtf7);

		jp3.add(jb1);
		jp3.add(jb2);

		this.add(jp1,BorderLayout.WEST);
		this.add(jp2,BorderLayout.CENTER);
		this.add(jp3,BorderLayout.SOUTH);
		this.setSize(400,300);
		this.setVisible(true);
	}
	public void actionPerformed(ActionEvent e){
		// TODO Auto-generated method stub
		if(e.getSource()==jb1)
		{
			//实现添加
```

```
            ......
        }
        else if(e.getSource()==jb2)
        {
            this.dispose();
        }
    }
}
```

6.3.2 功能模块的实现

整个系统在编码实现的过程中定义了 9 个类：EnterpriseMs(程序开始处)、Login(登录界面)、MainFrame(主界面)、AddDataDlg(添加信息)、DeleteData(删除信息)、UpdateData(修改信息)、QueryData(查询信息)、ConnOracle(连接数据库)、TableModel(表模型)。以下是编码完善各类功能模块。

EnterpriseMs 类主要指程序从这个类开始执行的，实例化类 Login，进入登录界面，代码如下：

```
public class EnterpriseMS{
    public static void main(String[] args){
    // TODO Auto-generated method stub
    new Login();
    }
}
```

ConnOracle 类主要实现数据库连接，返回 Connection 的变量。数据库的连接有两种方式——直连和桥连。本系统运用的是直连的方式。直连要先导入 ojdbc 的 jar 包，然后 import java.sql.*，数据库连接才能正常，如图 6-5、图 6-6 和图 6-7 所示。

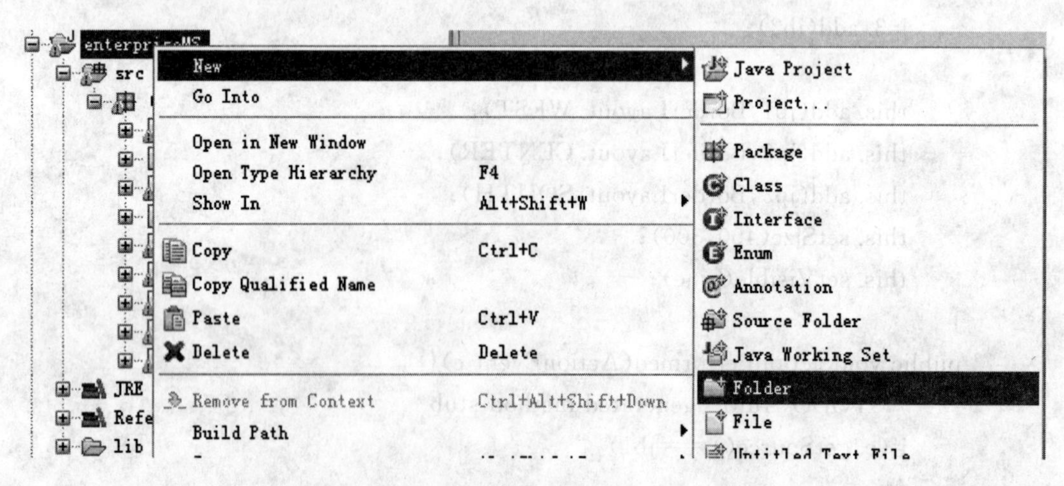

图 6-5　新建一个名为 lib 的文件夹

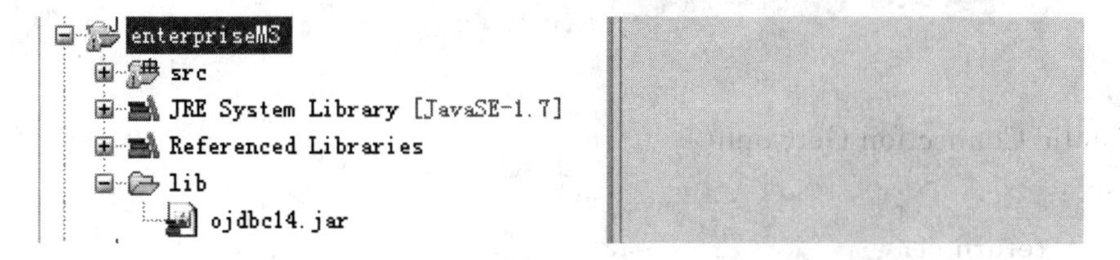

图 6－6　把 ojdbc 的 jar 包拷贝到 lib 文件夹下

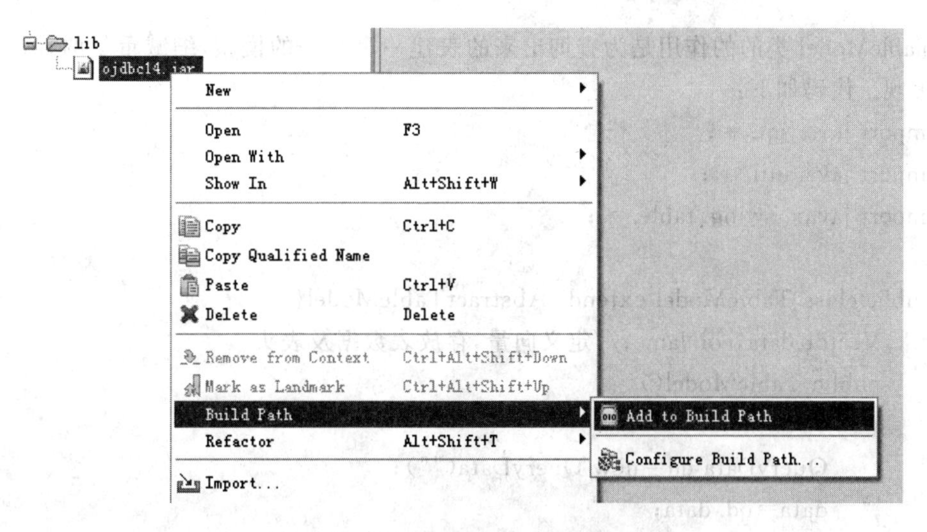

图 6－7　把 jar 包 Add to Build Path

连接数据库的代码如下：

```
import java.sql.*;
public class ConnOracle{
    static Connection ct=null;//与数据库连接
    public ConnOracle()
    {
        try{
            //以直连的方式连接数据库
            Class.forName("oracle.jdbc.driver.OracleDriver");
            ct=DriverManager.getConnection("jdbc:oracle:thin:@59.71.244.234:
            1521:myorc","enstaff","e123");
            //以桥连的方式连接数据库
            //Class.forName("sun.jdbc.odbc.JdbcOdbcDriver");
            //ct=DriverManager.getConnection("jdbc:odbc:student","student","123");
            //第一个 student 是数据源名,第二个 student 是数据库名
        } catch(Exception e){
            // TODO Auto-generated catch block
            e.printStackTrace();
```

```
        }
    }
    static Connection GetConn()
    {
        return ct;
    }
}
```

TableModel类的的作用是为查询出来的表建一个统一的模型，缩减重复的代码，增加代码的美观。代码如下：

```
import java.sql.*;
import java.util.*;
import javax.swing.table.*;

public class TableModel extends AbstractTableModel{
    Vector data,colName;//定义向量，存放表数据及表头
    public TableModel()
    {
        QueryData qd=new QueryData("");
        data=qd.data;
        colName=qd.colName;
    }
    public TableModel(String str)
    {
        QueryData qd=new QueryData(str);
        data=qd.data;
        colName=qd.colName;
    }

    //得到列名
    public String getColumnName(int column){
        // TODO Auto-generated method stub
        return(String)this.colName.get(column);
    }
    //得到列数
    public int getColumnCount(){
        // TODO Auto-generated method stub
        return this.colName.size();
    }
    //得到行数
```

```
    public int getRowCount(){
        // TODO Auto-generated method stub
        //System.out.println(this.data.size());
        return this.data.size();
    }
    //得到每行的值
    public Object getValueAt(int arg0,int arg1){
        // TODO Auto-generated method stub
        return((Vector)this.data.get(arg0)).get(arg1);
    }
}
```

Login 类实现的是登录验证，当用户输入的信息在数据库 Users 表中，则登录成功并进入主界面，否则用户可以再次输入信息，在之前的登录界面设计的 presslog 的监听类中加入如下代码：

```
//监听类
class Presslog implements ActionListener
{
    int iflogin(String username,String password)
    {
        Connection ct=null;//与数据库连接
        ResultSet rs=null;//数据库结果集
        PreparedStatement ps=null;//预编译的 sql 语句对象
        String str="select password from users where username='"+username+"'";
        String res=null;
        try{
            //连接数据库
            ct=new ConnOracle().GetConn();
            //取数据库表的信息
            ps=ct.prepareStatement(str);
            rs=ps.executeQuery();
            while(rs.next())
            {
                res=(String)rs.getString(1);
            }
            if(res!=null&&res.equals(password)) return 1;
            else return 0;
        }catch(Exception e){
            e.printStackTrace();
            return 0;
```

```
        }finally{
            try{
                if(rs! =null)rs.close();
                if(ps! =null)ps.close();
                if(ct! =null)ct.close();
            }catch(Exception e){
                e.printStackTrace();
            }
        }
    }
    public void actionPerformed(ActionEvent e)
    {
        String username,password;
        username=tfuser.getText().toString();
        password=new String(tfpassword.getPassword());
        if(iflogin(username,password)==1)
        {
            new MainFrame();
            jf.dispose();
        }
        else
        {
            JOptionPane.showMessageDialog(null,"用户名或密码有误!","",JOp-
            tionPane.INFORMATION_MESSAGE);
        }
    }
}
```

AddDataDlg 类实现信息的添加功能，在之前添加界面设计的监听中加入如下代码：

```
if(e.getSource()==jb1)
{
    Connection ct=null;//与数据库连接
    PreparedStatement ps=null;//预编译的 sql 语句对象
    try{
        //连接数据库
        ct=new ConnOracle().GetConn();
        //添加数据库表的信息
        String str="insert into staff values(?,?,?,?,?,?,?)";
        ps=ct.prepareStatement(str);
        ps.setString(1,jtf1.getText());
```

```
            ps.setString(2,jtf2.getText());
            ps.setString(3,jtf3.getText());
            ps.setString(4,jtf4.getText());
            ps.setString(5,jtf5.getText());
            ps.setString(6,jtf6.getText());
            ps.setString(7,jtf7.getText());
            ps.executeUpdate();
            this.dispose();
            JOptionPane.showMessageDialog(null,"添加成功!!!","",JOptionPane.IN-
            FORMATION_MESSAGE);

        }catch(Exception  ex){
            ex.printStackTrace();
        }finally{
            try{
                if(ps! =null)ps.close();
                if(ct! =null)ct.close();
            }catch(Exception ex){
                ex.printStackTrace();
            }
        }
    }
```

DeleteData 类实现信息的删除功能，用户选中某行记录，然后点击删除就可以实现删除的功能，代码如下：

```
import java.sql.*;
import javax.swing.JOptionPane;

public class DeleteData{
    String strId;
    public DeleteData(String strId)
    {
        Connection ct=null;//与数据库连接
        PreparedStatement ps=null;//预编译的 sql 语句对象

        //得到学生编号
        this.strId=strId;
        //连接数据库，实现删除
        try{
            //连接数据库
```

```
            ct=new ConnOracle().GetConn();
            //删除数据库表的信息
            String str="delete from staff where Id=?";
            ps=ct.prepareStatement(str);
            ps.setString(1,strId);
            ps.executeUpdate();
            JOptionPane.showMessageDialog(null,"删除成功!!!","",JOptionPane.
            INFORMATION_MESSAGE);
        }catch(Exception  ex){
            ex.printStackTrace();
        }finally{
            try{
                if(ps! =null)ps.close();
                if(ct! =null)ct.close();
            }catch(Exception ex){
                ex.printStackTrace();
            }
        }
    }
}
```

UpdateData 类实现信息的修改功能,在之前修改界面设计的监听中加入如下代码:

```
if(e.getSource()==jb1)
{
    Connection ct=null;//与数据库连接
    PreparedStatement ps=null;//预编译的 sql 语句对象
    try{
        //连接数据库
        ct=new ConnOracle().GetConn();
        //更新数据库表的信息
        String str="update staff set name=?,age=?,sex=?,hometown=?,dept=?,
        salary=? where Id=?";
        ps=ct.prepareStatement(str);
        ps.setString(1,jtf2.getText());
        ps.setString(2,jtf3.getText());
        ps.setString(3,jtf4.getText());
        ps.setString(4,jtf5.getText());
        ps.setString(5,jtf6.getText());
        ps.setString(6,jtf7.getText());
        ps.setString(7,jtf1.getText());
```

```
        ps. executeUpdate();
        this. dispose();
        JOptionPane. showMessageDialog(null,"修改成功!!!","",JOptionPane. IN-
        FORMATION_MESSAGE);

        }catch(Exception  ex){
            ex. printStackTrace();
        }finally{
            try{
                if(ps! =null)ps. close();
                if(ct! =null)ct. close();
            }catch(Exception ex){
                ex. printStackTrace();
        }
    }
}
```

QueryData 类实现信息的查询功能，默认的是所有查询，如果输入条件就按照条件进行查询，代码如下：

```
import java. sql. * ;
import java. util. * ;

public class QueryData{
    public Connection ct=null;//与数据库连接
    public ResultSet rs=null;//数据库结果集
    public PreparedStatement ps=null;//预编译的 sql 语句对象

    public Vector data;//定义向量，存放表数据及表头
    public Vector colName;
    String str;
    public QueryData(String str)
    {
        this. str=str;
        if(str. equals(""))
        str="select * from staff";
        //初始化表列
        colName=new Vector();
        colName. add("职工号");
        colName. add("姓名");
        colName. add("年龄");
```

```
            colName.add("性别");
            colName.add("籍贯");
            colName.add("所在部门");
            colName.add("月薪(元)");
            //表数据
            data=new Vector();
            try{
                //连接数据库
                ct=new ConnOracle().GetConn();
                //取数据库表的信息
                ps=ct.prepareStatement(str);
                rs=ps.executeQuery();
                while(rs.next())
                {
                    Vector rowData=new Vector();//存放一行数据
                    rowData.add(rs.getString(1));
                    rowData.add(rs.getString(2));
                    rowData.add(rs.getInt(3));
                    rowData.add(rs.getString(4));
                    rowData.add(rs.getString(5));
                    rowData.add(rs.getString(6));
                    rowData.add(rs.getString(7));

                    data.add(rowData);
                }
            }catch(Exception e){
                e.printStackTrace();
            }finally{
                try{
                    if(rs! =null)rs.close();
                    if(ps! =null)ps.close();
                    if(ct! =null)ct.close();
                }catch(Exception e){
                e.printStackTrace();
                }
            }
        }
    }
```

MainFrame类实现数据初始化以及各个功能类的实例化，是实现各功能的主平台，完善之前的主界面设计，代码如下：

```
//在 table 中加入数据表
tm=new TableModel();
jt=new JTable(tm);
jsp=new JScrollPane(jt);

//把 table 放入面板中间
jf.add(jsp);

//实现查找
String str1=(String)jcz.getSelectedItem();
if(str1.trim().equals("所有查找"))
{
    tm=new TableModel();
    //更新 table
    jt.setModel(tm);
}
else
{
    if(str1.trim().equals("按职工号查找"))str1="Id";
    if(str1.trim().equals("按姓名查找"))str1="name";
    if(str1.trim().equals("按部门查找"))str1="dept";
    String str2=jtf.getText().trim();
    String str="select * from staff where"+str1+"='"+str2+"'";
    tm=new TableModel(str);
    //更新 table
    jt.setModel(tm);
}

//实现添加
new AddDataDlg(this,"添加职工信息",true);
//true 为模态对话框,false 为非模态 tm=new TableModel();
//更新 table
jt.setModel(tm);

//实现修改
new UpdateDataDlg(this,"修改职工信息",true,tm,jt.getSelectedRow());
//String str="select * from staff where Id='"+(String)tm.getValueAt(jt.getSelected-
Row(),0)+"'";
```

```
tm=new TableModel();
//更新 table
jt.setModel(tm);

//实现删除
String strId=(String)tm.getValueAt(jt.getSelectedRow(),0);
new DeleteData(strId);
tm=new TableModel();
//更新 table
jt.setModel(tm);
```

6.3.3　系统测试

运行测试,可得如图 6-8 至图 6-13 的运行结果,系统开发完成。

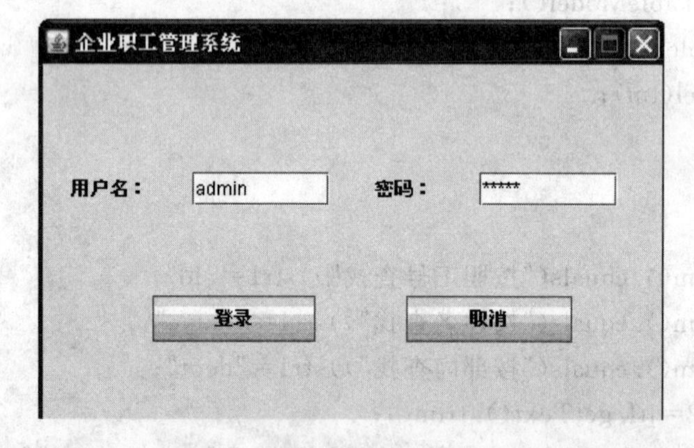

图 6-8　登录

企业职工管理系统

所有查找　查找

职工号	姓名	年龄	性别	籍贯	所在部门	月薪(元)
100120033	库洛姆	46	男	澳大利亚	管理部	20000
100130021	莱库宁	38	男	中国香港	业务部	15000
100140101	李许雪	26	女	中国湖北	生产部	7000
100120124	刘宁	39	男	中国江苏	管理部	20000
100120009	成山路	38	男	中国台湾	管理部	20000
100130022	徐玲玲	33	男	中国北京	业务部	13800
100140200	哈巴飞	27	男	新西兰	生产部	80000
100140110	凯迪从	28	男	中国云南	生产部	6800
100150203	划车女	31	女	中国湖北	生产部	6800
100130023	广工大	35	男	中国湖北	业务部	12000
100120020	红茶芬	32	女	中国四川	管理部	16500
100150100	贾南风	23	男	中国新疆	后勤部	5000
100130024	郭嘉括	30	男	中国江苏	业务部	11500
100150101	江南道	30	男	中国浙江	后勤部	5500

添加　修改　删除　退出

图 6-9　主界面

图 6-10　查找

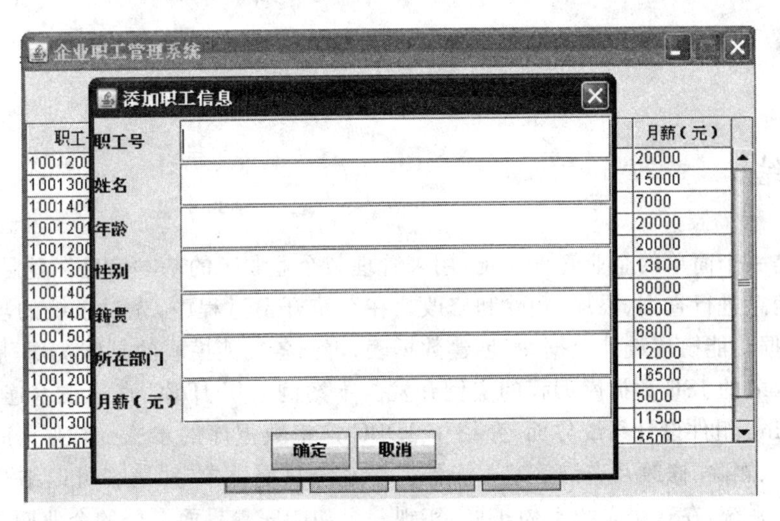

图 6-11　添加

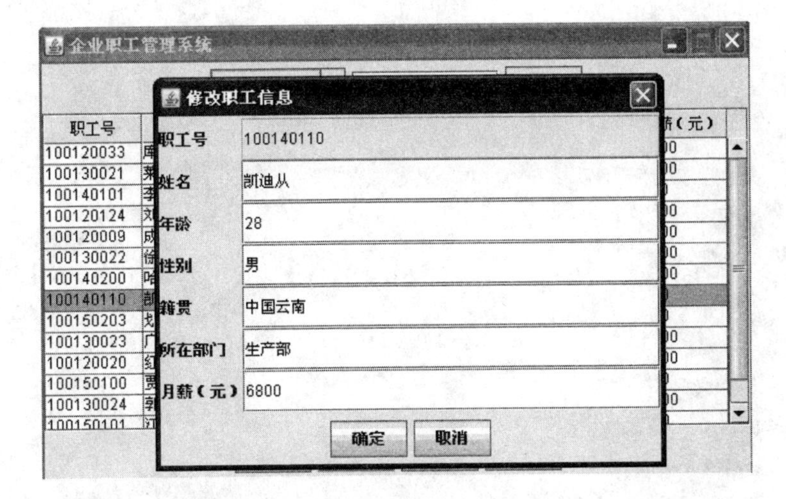

图 6-12　修改

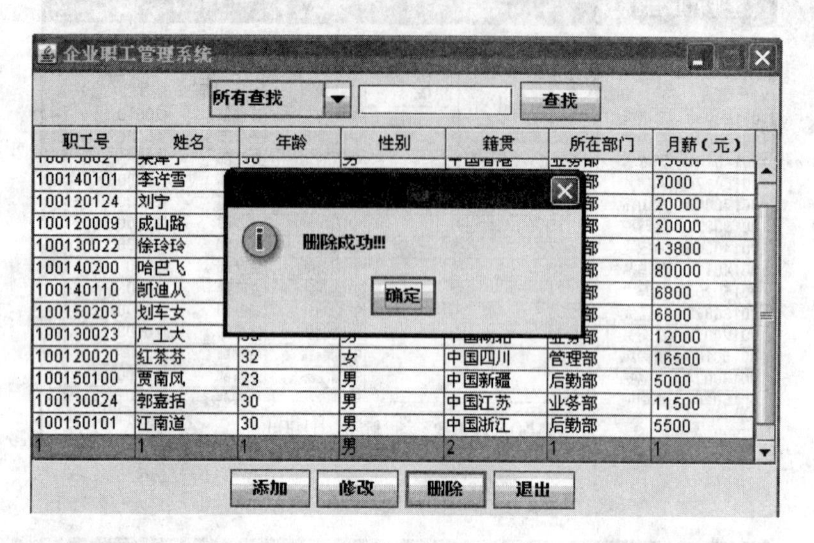

图 6-13 删除

6.4 总结

本案例是一个简单的企业管理系统，用来管理某企业职工的基本信息。登录本系统，可以对企业职工信息进行查询、添加、删除和修改。在系统开发过程中，先对系统的功能模块进行分析，然后根据功能模块设计数据库，创建数据表，再到各功能模块的具体实现，展现了一个简单的基于 oracle 的 JSE 数据库编程的实例开发。本案例采用 JDBC 直连技术连接数据库，结合 java 的 swing 组件设计系统界面，介绍了 JDBC 连接数据库的步骤，实现了 java 对数据库表记录的增加、删除、修改及查询等基本操作。本系统只是供参考，读者可以结合自己的编程水平完善这个系统，在这个系统上做扩展，实现一个功能完善界面友好的企业职工信息管理系统。

第 7 章　数据库课程设计要求

7.1　数据库课程设计目标

数据库课程设计是为配合数据库原理课程的教学而独立开设的实践性课程，其主要目标是：

1. 通过数据库课程设计，使学生进一步巩固所学的数据库知识，加强学生的实际动手能力；

2. 培养学生自主学习、独立思考，以及独立调试程序的能力；

3. 培养学生初步的软件设计能力，形成良好的编程风格。

7.2　数据库课程设计基本要求

本课程设计的基本要求是针对具体的实际问题设计合适的数据库，并在此基础上完成相应的程序。最后一次上机时要进行程序验收，程序验收后一周内要上交课程设计报告。撰写课程设计报告要求如下：

1. 说明自己选做的题目，进行需求分析，其中包括数据需求和功能需求；

2. 给出 E－R 图；

3. 系统详细设计；

4. 课程设计心得体会。不要写笼统的语言，要求写出课程设计中遇到哪些问题以及解决方法；创新和得着之处；课程设计中存在的不足，如何进一步改进等；

5. 报告的格式参照本科毕业论文的要求。不能为了凑页数，把报告中的字体和行间距设置过大，更没必要把所有代码附录在报告最后。

注意：在选题时，除了本章 7.5 节提供的题目外，同学们也可根据自己现实生活中的实际需要来自选课程设计题目。要求难易适中，业务情况容易了解。

7.3　考查方式

课程设计的成绩根据学生在课程设计期间的学习态度、课程设计的难易程度和验收情况，以及提交的课程设计报告的质量来综合评定。本书中给出的实例都只是给出了基本功能，同学们应该结合自己的题目，完善系统功能。抄袭课程设计报告，或完全未参与课程设计，或未参加程序验收，或没有交课程设计报告的同学将按不及格处理。

考核成绩按优、良、中、及格和不及格五个等级打分(使用百分制参照:优:90～100;良:80～80;中:70～79;及格:60～69;不及格:60 以下)。

7.4 进度安排

依照教学计划,数据库课程设计上机共有 10 次,进程安排如下:

1. 选择题目,进行需求分析,包括数据需求分析和系统功能需求分析(1 次);
2. 数据库设计(1 次);
3. 算法实现、编程调试(7 次);
4. 程序验收(1 次)。

注意,课程设计报告的撰写工作应该在上机以外的时间完成。

7.5 数据库课程设计参考题目

1. OA 协同办公系统
2. 办公设备管理信息系统
3. 办公事务管理系统
4. 宾馆住宿管理系统
5. 病历管理系统
6. 财务管理系统
7. 财政票据管理系统
8. 采购管理系统
9. 餐厅点菜管理系统
10. 餐饮收费管理系统
11. 仓库货物管理系统
12. 茶楼茶馆收银管理系统
13. 超市收银管理系统
14. 车辆管理系统
15. 车站售票系统
16. 打字店文档管理系统
17. 大学生就业咨询系统
18. 代管费管理系统
19. 单位住房管理系统
20. 党员信息管理系统
21. 地籍管理系统
22. 电动车企业经营管理系统
23. 电脑配件库存管理系统
24. 电脑销售系统

25. 电器售后服务管理系统
26. 店铺电脑收银系统
27. 碟片出租系统
28. 订单生成系统
29. 房产信息系统
30. 房屋销售管理系统
31. 房屋中介管理系统
32. 废品回收管理系统
33. 服装进销存管理系统
34. 干部人事管理系统
35. 高校科研管理系统
36. 高校团委团员管理系统
37. 个人财物管理系统
38. 个人理财系统
39. 耕地资源信息系统
40. 工资管理系统
41. 公安枪械管理系统
42. 公司物品管理系统
43. 公文收发管理系统
44. 光碟出租管理系统
45. 广告业务管理系统
46. 果蔬菜经销管理系统
47. 海关编码查询系统
48. 合同管理系统
49. 户口管理系统
50. 会员管理系统
51. 机动车驾驶员考试系统
52. 机房管理系统
53. 绩效管理系统
54. 家用电器销售管理系统
55. 教材管理系统
56. 教师课程安排系统
57. 教务辅助管理系统
58. 酒吧收银管理系统
59. 咖啡厅收费管理系统
60. 考点考务管理系统
61. 考勤管理信息系统
62. 客房管理系统
63. 客户关系管理系统

64. 快餐店收费管理系统
65. 宽带业务收费管理系统
66. 劳动局再就业管理系统
67. 劳务中介管理系统
68. 列车时刻查询决策系统
69. 旅游管理系统
70. 美容美发管理系统
71. 民航售票管理系统
72. 民政五保低保管理系统
73. 名片管理系统
74. 摩托车配件销售管理系统
75. 农村信息化管理系统
76. 排污费征收核定系统
77. 培训管理系统
78. 企事业退休人员社会化管理服务系统
79. 企业固定资产管理系统
80. 企业文件管理系统
81. 气象信息收集及预测系统
82. 汽车美容管理系统
83. 人事管理系统
84. 人事专家库抽签系统
85. 商家打折信息管理系统
86. 商品批发综合管理系统
87. 商品销售管理系统
88. 商业门店管理系统
89. 失业人员档案管理系统
90. 实验室数据上报系统
91. 试题库管理系统
92. 手机销售管理系统
93. 书店租赁管理系统
94. 水电管理系统
95. 宿舍管理系统
96. 体育彩票分析系统
97. 通讯录管理系统
98. 桶装水配送管理系统
99. 图书馆管理系统
100. 玩具贸易管理系统
101. 网吧机房管理系统
102. 文具企业经营管理系统

103. 物业收费管理系统
104. 西餐厅收费管理系统
105. 洗衣店管理系统
106. 销售管理系统
107. 校园自助银行模拟系统
108. 行政办公管理系统
109. 选课管理系统
110. 学费管理系统
111. 学籍管理系统
112. 学生成绩管理系统
113. 学生档案管理系统
114. 学生宿舍管理系统
115. 学生信息查询系统
116. 药物管理系统
117. 医院管理系统
118. 医院药品进销存系统
119. 仪器设备管理系统
120. 银行储蓄系统
121. 银行账户管理系统
122. 英语学习助手
123. 狱政管理系统
124. 员工培训管理信息系统
125. 运动会管理系统
126. 暂住人口管理系统
127. 智能营养配餐系统
128. 中小企业 ERP 管理系统
129. 中小学排课系统
130. 珠宝首饰销售管理系统
131. 住房公积金管理系统
132. 住院收费管理系统
133. 自来水水费收费管理系统
134. 足疗足浴收费管理系统

参考文献

石彦芳，李丹. Oracle 数据库应用与开发[M]. 北京：北京机械工业出版社，2012

张荣梅，梁晓林. Visual C＋＋实用教程[M]. 北京：冶金工业出版社，2004

David J. Kruglinski，潘爱民，王国印译. Visual C＋＋技术内幕(第四版)[M]. 北京：清华大学出版社，1999

魏亮，李春葆. Visual C＋＋程序设计例学与实践[M]. 北京：清华大学出版社，2006

刘瑞，吴跃进，王宗越. Visual C＋＋项目开发实用案例[M]. 北京：科学出版社，2006

孙鑫，余安萍. VC＋＋深入详解[M]. 北京：电子工业出版社，2006

李长林. VC＋＋串口通信技术与典型案例[M]. 北京：清华大学出版社，2006

陈清华. Visual C＋＋课程设计案例精选与编程指导[M]. 南京：东南大学出版社，2004

严华峰. VISUAL C＋＋课程设计案例精编(第二版)[M]. 北京：中国水利水电出版社，2004

李现勇. VISUAL C＋＋串口通信技术与工程实践(第二版)[M]. 北京：人民邮电出版社，2005

龚建伟等. VISUAL C＋＋/Turbo C 串口通信编程实践[M]. 北京：电子工业出版社，2004

原奕等. VISUAL c＋＋实践与提高——数据库开发与工程应用篇[M]. 北京：中国铁道出版社，2005

徐武等. VISUAL C＋＋与 ORACLE 数据库编程案例[M]. 北京：电子工业出版社，2005

龙马工作室. VISUAL C＋＋管理信息系统完整项目实例剖析[M]. 北京：人民邮电出版社，2004

求是科技. VISUAL C＋＋6.0 数据库开发技术与工程实践[M]. 北京：人民邮电出版社，2004

启明工作室. VISUAL C＋＋ SQL SERVER 数据库应用系统开发与实例[M]. 北京：人民邮电出版社，2005

张桂珠，刘丽，陈爱国. Java 面向对象程序设计(第 2 版)[M]. 北京：北京邮电大学出版社，2005

毕广吉. Java 程序设计实例教程[M]. 北京：冶金工业出版社，2007

王保罗. Java 面向对象程序设计[M]. 北京：清华大学出版社，2003

刘腾红，孙细明. 信息系统分析与设计[M]. 北京：科学出版社，2003

林邦杰. 彻底研究 java. [M]. 北京：电子工业出版社，2002